优秀的力量

The Power of MODELS

海事青年风采录

交通运输部海事局青年工作委员会 编著

人民交通出版社
China Communications Press

内容提要

《优秀的力量》图文并茂地展示了海事系统青年职工英姿勃发，充满活力，敢于梦想和实践，善于创造和延续的风采。《思想的声音》全程回顾了"青春杯"海事青年辩论赛的激烈赛况；在实录的辩词中，可以感受到他们在不断的自我发现和成长中告别青涩的思考。《从这里出发》收录汇编了有关海事青年工作的文件，反映了全系统对青年的关怀和期望。这套合辑，是对部分海事青年青春的解读，并期望以此传递思想的声音，让更多的年轻人从字里行间体味别样的人生、感受优秀的力量。

图书在版编目（CIP）数据

优秀的力量 ：海事系统青年风采录 / 交通运输部海事局青年工作委员会编著. -- 北京 ：人民交通出版社，2012.12

（我们）

ISBN 978-7-114-10183-0

Ⅰ. ①优… Ⅱ. ①交… Ⅲ. ①海上运输－青年先进人物－先进事迹－中国 Ⅳ. ①D432.62

中国版本图书馆CIP数据核字(2012)第260933号

书　　名：优秀的力量——海事系统青年风采录
著 作 者：交通运输部海事局青年工作委员会
责任编辑：师云
出版发行：人民交通出版社
地　　址：(100011)北京市朝阳区安定门外外馆斜街3号
网　　址：http://www.ccpress.com.cn
销售电话：(010)59757969，59757973
总 经 销：人民交通出版社发行部
印　　刷：深圳市德信美印刷有限公司
开　　本：787×1092　1/16
印　　张：10.5
字　　数：269千
版　　次：2012年11月第1版
印　　次：2012年11月第1次印刷
书　　号：ISBN 978-7-114-10183-0
印　　数：0001-2000册
定　　价：65.00

编委会

我们
WE
The Power of MODELS
The Sound of THOUGHT
start from HERE

前言/PREFACE

青年时代，是人一生中最美好的岁月。它生机盎然、朝气蓬勃，饱含热情和力量，充满求知与进取，蕴含着巨大的信心和希望。

在全国直属海事系统，青年职工的比例高达40%。他们拥有无价的青春，他们英姿勃发，充满活力。他们敢于梦想和实践，善于创造和延续奇迹；他们坚守信仰，忠于使命，勇于行动，在不断的自我发现和成长中告别青涩，完美蜕变。他们，是我国由海员大国向海员强国转化的推进者、是我国由海运大国向海运强国挺进的实践者、是我国由海事大国向海事强国转变的承担者。他们，将青春挥洒在祖国的江河湖海，用或深或浅的足迹丈量人生。那一串串青春的脚印，满盛着信仰、使命和行动，闪耀着勇气、责任和光芒。

青春不是挥霍的资本，而是成长的历练、未来的基石。“十二五”时期全面推进“四型”海事建设，需要包括广大青年在内的全体海事人共同努力；实现海事事业的科学发展，需要海事青年奋勇承担。“我的青春我做主！”越来越多的海事青年听从内心的呼唤，忘我奉献，激情燃烧。他们对人生充满信心，毫不畏惧前行道路上的荆棘障碍，把美丽的青春牢牢握在手中，追逐理想，刻苦学习，攻坚克难，锤炼作风，超越自我。他们的生命因青春的绽放而绚丽夺目，他们的生活因青春的奉献而多姿多彩。

一个时代的精神，是青年代表的精神；一个时代的性格，是青春代表的性格。未来在青年手里，信任青年就是信任未来，爱护青年就是热爱未来。给青年创造支点，让青年创造未来。做好新时期的青年工作，是全体海事人的共同责任。

这套丛书，是对部分海事青年的青春解读。期望通过文字传递思想的声音，让更多的年轻人从字里行间体味别样的人生、感受优秀的力量。期待更多的海事青年共同学习、互相激励、磨砺自我，期待他们担当重任并发出响亮的青春宣言——我们就在这里，就在这个时候！希望、阳光属于我们！这个世界属于我们！

“青春之所以幸福，就是因为它有前途。”让我们高扬青春的风帆，从这里出发！

目录

CONTENTS

融合

倔强的川妹子 3
超越自我 7
酒样人生 11
追“锋”行动 13
六人行 17

经历

人生的三次选择 23
将实干进行到底 27
亚丁湾上当“红娘” 31
“便签影后”的“涅槃” 35
意外的收获 39
老崔的别名叫“三郎” 45

坚守

普通一个“兵” 51
高原上的回响 55
风和沙的坚守 59
落空的愿望 63
爱，在基层 67
一人·俩家 71
青春奉献蔚蓝 责任铸就平安 75

承担

准备出发与在路上 83
宇哥，不是一个传说 87
有一朵花，常开不败 91
保持饥饿 保持愚蠢 97
“国家队队员”沈忠平 101
7年零7月 105
研究香水的女孩 109
快乐工作的催化剂 115

突破

人生处处能“破题” 121
让数字“开口”指认溢油船 125
“魔灯哥” 131
专家曾经也很“逊” 135
开眼看世界 141
我的爱情不是梦 145

日记

新加坡的日子 149

融，化也。合，成也。所谓融合，即是你中的我，我中的你，在一起，不分离。

053218
053210
053164
053245

倔强的川妹子
尹子卉

倔强的川妹子

了解尹子卉的人都知道，她的身上有那么一股子劲儿，认准的事儿绝不放弃，怎么也能坚持下来。这也是她最满意自己的地方。有两件小事足以佐证这一点。中学的6年间，每天早上坚持跑步，包括春节在内从不间断。大学毕业，看室友考研眼馋，于是稀里糊涂也报名了，复习的过程中室友放弃了而她却考上了。“健康的身体和宝贵的知识，你看，对两件小事的坚持就让我得到了巨大的回报。”

刚到重庆海事局的时候，尹子卉凭的也是这股劲儿，“之所以选择海事作为我的职业，这里面还有个故事，高中的时候我参加了长江环保万里行活动，当时就立下志向要从事环保工作，所以大学的专业选的也是化学，当初要不是危防处，我还不来哩。”

可真到了工作岗位上发现苦头就多了，危防岗位对于一个刚毕业的女孩子来说是个巨大的挑战。2007年夏天，重庆正值酷暑，危防处接到了对库区船舶排污设备实施“铅封”的任务，“机舱里面得有60摄氏度，而且铅封一条船最快也要两个小时，”回忆起当时的恶劣条件，尹子卉心有余悸，“但是大家一起干，我说什么也能扛下来，不过当时最令我难为情的是好多船员在船上都光着膀子”。再苦再累，从108斤瘦到97斤，尹子卉挺过来了，而且她比别人都有干劲，因为她觉得这是她的理想。“有老同志劝我稍微歇会儿，我还像个小孩一样反过去问人家：我们成功了库区就实现‘零排放’了，你不觉得这工作特有意义啊？”说到这里，她哈哈大笑。

刚参加工作的女孩子难免羞赧，但尹子卉很快就发现，自己不但要克服，还要放得开。有时候刚刚开出处罚单，相对人就到局里面来讨说法，“道理总是反反复复地讲，可有时遇到实在讲不清楚的，我也会急”。原本矜持的小姑娘，很快就练得能说会道。

尹子卉的坚持还创造了一个小奇迹。2008年，长江海事局的职工技能大赛上，出现了一道奇特的风景，一位怀孕的准妈妈参加并且完成了游泳比赛，这个人正是尹子卉。“为了这次职工技能大赛，我们准备了很久，但是到底参加不参加游泳项目，愁得我连着半个月都睡不好觉。”就在她愁上眉梢的时候，尹子卉的丈夫说了一句至今被她奉为至理名言的话：无论参加还是放弃，你的选择都是正确的。“有他这句话，我就没想特别多，也不关心成绩，就是觉得当时身体感觉不错，走到这一步了就试试。”最终结果出来了，尹子卉的总成绩名列第一。

“这算我们母子的奇迹吧”。

为了工作，尹子卉也放弃了不少坚持。还没到海事局上班的时候，“我就和领导讲条件，提出不出差，当时他们答应得挺好。可是来了以后发现业务都在基层，不出去不行，像现在忙的时候我每周都要在外面呆3天左右。”

总是把笑容挂在脸上，没有任何豪言壮语，这就是尹子卉，一个土生土长的重庆女孩，一个坚持追逐梦想，享受自己感动自己的真实姑娘。

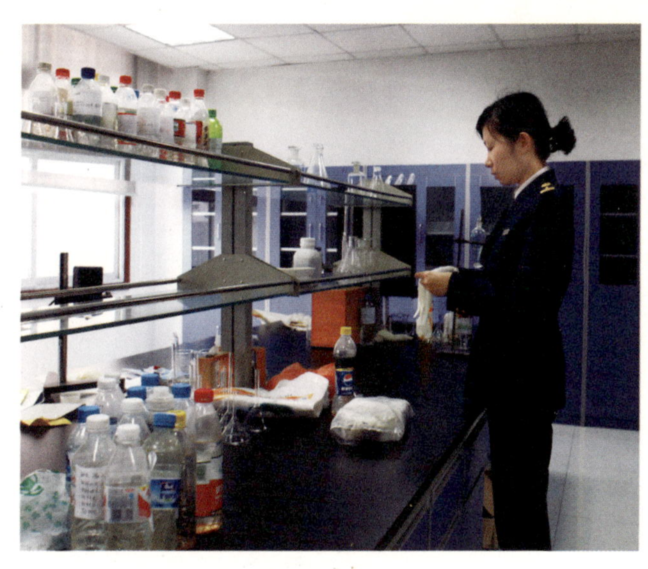

采访者说　幸福就这么简单

尹子卉在笔记本的扉页上写着“严于律己，宽以待人”，我想她已经把前半句做到极致，而宽以待人或许将是她今后工作、生活的重心。

尹子卉告诉我，采访之前，她正在一边听着范玮琪的歌，一边写材料，久违的幸福感突然浮上心头。也许这样的惬意最能够打动人心。

采访中，她也总把“简单就好”挂在嘴边。她认为，自己从一个倔强的女孩，正在变得更加豁达，逐渐想体验更简单的生活态度。

她的幸福就是这么简单。（顾博）

幸福是一种满足，是在实现追求的过程中的体验。没有追求，就没有幸福感，因为不知道想得到什么。伟人有大境界，大追求，我们普通人也有自己的追求。问题是该追求什么？对于这个问题的思考越多，感悟就越多。

海事人是一个社会群体，以维护水上交通安全为使命。我们正在做的事不仅是一份工作，也是一份事业。让我们多一些对事业的追求，多一些对追求的执着，多一些职业精神，在实现追求的过程中收获更多的幸福。

包继来

超越自我

连云港海事局督察处处长包继来家的书房内，两侧的柜子里摆满了政治、经济、历史、管理、法律、人文以及海事等各类书籍，足足有2000多册，赶上了一个基层单位小型图书馆的藏书规模。

藏书是包继来的习惯，每隔两个月他都要逛一次书店，还会经常上网“淘”一些冷门书，每年他花在买书上的钱大概有几千块，但他买书绝对不是为了装点门面，“这些都读完了，有的是精读，有的是泛读。每天基本都会抽出1个小时用于看书。”

看这么多书干嘛呢？在学国际法出身的包继来眼里，要想在海事系统有所作为，仅仅有专业的知识往往是不够的，还要成长为通才，不但要熟悉公司审核、船舶安检、事故调查等具体岗位工作，还需要了解党务、人事、法制等其他综合管理模块要求。看书就是解决“通”的问题。通而专，面对问题时自然会有章可循。

自2006年起，包继来一直在跟踪海事履约工作，并参与了中国海事履约准备的整个过程，在经历了无数个不眠之夜、无数次反复思索和修改、无数次取得阶段性成果的喜悦后，完成《IMO强制性文件实施规则》和《IMO成员国自愿审核机制的框架和程序》等两个基本文件翻译任务，还编写了《中国STCW公约履约报告》、《中国吨位公约履约报告》、《中国SOLAS公约履约报告（事故调查和ISM审核部分）》，他用质量管理的思想把IMO规则要点和中国履约要素整合起来，为海事系统建设履约体系奠定了良好的基础。

行政诉讼绝对是行政机关必须慎重对待的问题。此前，连云港海事局辖区的“大世界”轮所有人因为产权民事纠纷，便企图通过起诉海事部门的“曲线救国”方式达成个人目的。此时，济南铁路中院、上海海事法院以及连云区地方法院都向连云港海事局提出了协助执行要求，而这些要求之间却相互矛盾，且法律法规存在相互冲突。

三家法院、多名利害关系人、互相冲突的司法协助执行、行政诉讼……这些因素纠缠在一起使得案件更加纷繁和复杂，为妥善应对行政诉讼，该局专门从国内某重点高校请来了一位行政法学教授，但该教授却过分纠缠于诉讼表象问题。

为此，包继来在认真研究案情后，充分利用最高人民法院司法解释中的“先民事后行政”原则，给这起行政诉讼来了个“釜底抽薪”，抓住了应诉中的主要矛盾，一下子把复杂问题简单化了，最终赢得了行政诉讼案件的胜诉，也让地方法院法官们对海事部门对船舶登记卷宗仅负有形式审查义务的法律意见有了初步认识，此案也对今后海事部门应对类似的法律风险具有一定的导向作用和参考价值。

采访者说：习惯要给力

徐祖远副部长在直属海事系统青年工作会议上说过这样一段话："希望大家在工作中要善于创新、敢于创造，也要脚踏实地、既博又专，敢于超越，把自己的长处发挥到极致。"

从逻辑上来看，博学是通才的充要条件，钻研也是专才的充要条件。无论是博学还是钻研，养成一个良好的习惯非常重要，包继来定期会到IMO官方网站上浏览国际海事动态，隔一段时间就去逛逛书店，每天还会抽出时间看书，这些看起来很平常的事情，我们曾经可能都做过，但却没有把它固化成一个长期坚持的习惯。

美国心理学巨匠威廉•詹姆斯有一段对习惯的经典注释："种下一个行动，收获一种行为；种下一种行为，收获一种习惯；种下一种习惯，收获一种性格；种下一种性格，收获一种命运。"习惯像一根缆绳，我们每天给它缠上一股新索，要不了多久，它就会变得牢不可破。那么，从今天开始，行动起来吧！养成一个给力的习惯！

陶东华

酒样人生

提起陶东华，同事说他像“酒”，不仅因为他酒量好，还因为他无论说话还是办事都不疾不徐，透着那么股芳香、醇厚的劲儿。

一毕业就进江苏海事局办公室，一呆就是几年，陶东华从来没挪过地方。酒是愈酿愈香，人也是这样，在办公室里呆久了，方方面面、杂七杂八的事都要经自己的手，久而久之，陶东华对海事各方面业务都有了一定的了解。

2007年底，江苏海事局开始建设OA平台系统，由于对海事业务全方位的熟悉，陶东华承担了OA系统的设计工作。“原有办公流程中重复的地方就简化，杂乱的地方就梳理”。在他的掌控下，江苏海事局的OA系统整合了原有全部公文，实现了无纸化办公，得到了全局一致好评。

但凡能喝酒的人都有文采，陶东华也是江苏海事局出名的笔杆子，不但是能写会写，还因为他善于整合各方面细节，所以全局观强，尤其重要的是他舍得吃苦，总能写出采头，同事评价他“不是为了材料而材料”，就是对他写作能力的最好注解。

行政工作的特点是繁杂，但一出错就致命。所以陶东华做事前喜欢先想一想，想法在他的脑子里经过过滤、沉淀、发酵，出来的时候就像一瓶美酒，让人挑不出毛病。

2010年3月，交通运输部海事局四个会议同时在扬州召开，由江苏海事局承办，忙坏了陶东华和他的同事们，四个会议同时筹办，换谁心里也没底。“硬生生地抗吧，办公室就是阵地。”会议的现场指挥、视频转播、嘉宾名册……事无巨细，只要想得起来的，没有陶东华放心得下的。“会议的圆满举行就是最好的回报”，陶东华回忆。

看起来像个老好人，但陶东华也有红脸的时候。为了提高江苏海事局网站的水平，从版面的设计到内容的拓展，陶东华无不亲力亲为，尤其是注重政府信息的质量和数量。通过完善《江苏海事局网站运行、维护十项机制》和《江苏海事局政务信息管理办法》，逼着下属各分支局提高对新闻报送的重视。“每期政务信息的统计结果都在全局上下进行通报，排名靠后的脸上总挂不住吧。”陶东华说，不怕麻烦人，付出总有回报。2010年，江苏海事局政务网站建设取得了长足的进步，在全省200多家厅级单位中排名第14位，陶东华也“总算扬眉吐气了一把”。

虽然年纪不大，但陶东华稳健的作风、成熟的心态，总能令他在繁杂的行政工作中理出头绪，解决问题。陶东华像一杯佳酿，随着岁月的积淀愈发清香，令人回味。

（顾博）

082196
海

Jiang chang Feng
江常锋

不管是工作中还是生活中，物质的东西越多，人就越容易迷惑。作为年青人应该时刻保持清醒的头脑，要学会拒绝诱惑，保持一种淡定从容的心态，不要过分计较个人的得与失，非淡泊无以明志，非宁静无以致远。

不管是工作中还是生活中，快乐与烦恼总是并存，关键在于如何把烦恼的因素转化为快乐的符号，那就试着用包容的心去对待人和事，用感恩的心去对待生活，学会包容，你将会发现一个更为广阔的天地。

追"锋"行动

有人说，职业会赋予人习惯、风格，甚至性格。看到福建福州海事局平潭海事处处长江常锋时，我信了。

早上7点半，我坐上了从福州开往平潭的江常锋的公务车，原以为将近两个小时的高速行程可以顺道采访，可车子飞速前行的刹那让我决定默不作声。紫色横条纹上衣，利落的发型，右脚迅速在油门和刹车之间转换，方向盘在手中灵活的转动，整辆车在这拥挤的早高峰中如同一只悠然自得的箭鱼。这个人，就是江常锋？

终于，行至半路，换上了专职司机，车速也正常起来。

"平时开车都这么快？"我实在有些好奇。

"习惯了。"他也不啰嗦。

我们的对话，便从这里开始。

江常锋告诉我，来平潭当处长之前他做的是搜救，"十多年了，每天都是风风火火地过着。"海上事故的发生经常是一连串的，而且多半是发生在晚上。他说，这十多年被电话从梦中叫醒，然后拎起包就走的事情也记不得发生过多少次了。"有次局长还给我们掐秒表了。"原来，有天晚上事故发生，时任福州海事局局长周航给每个部门负责人打了电话，结果江常锋第一个赶到，40分钟的路程他生生压缩在20分钟。"搜救这活儿干久了，总觉得时间不等人。"

上午9点半，我们抵达平潭海事处，江常锋简单和同事交代两句，就又带着包离开了。大家告诉我，平潭管委会有个会，他要去参加。

再见江常锋，已是中午12点。“平时会议多吗？”用罢午饭，我们充分利用起了午休时间。“多。有的时候还在周末！”他不假思索。“这可多影响家庭啊！”“老夫老妻，都习惯了。你知道我老婆怎么说我吗？”他玩笑似地说：“最开始还是日报，后来成了周报，现在好了，就是个半月谈！”

随着平潭改革试验区的批复，江常锋的工作越来越忙。工作在平潭，家在福州，原本就交通不太便利，赶上工作多起来，每周回一次家就变成奢望。

虽然工作繁忙，但处里人评价他们的处长最大的特点就是闲不住。“平时不能回家，下了班就带着我们一起运动啊摄影什么的。”“我最喜欢的休息方式就是不休息。”江常锋也这样说自己：“我觉得我已经被工作同化了。休息的时候如果不继续保持这种状态，我会很累。所以，也就辛苦你们了，追着我的行程跑。”

追“锋”行动　追“锋”行动　追“锋”行动　追“锋”行动　追“锋”行动　追“锋”行动

采访者说：平潭的风

也许是因为没有足够的开发建设，也许是因为独特的地理特点，平潭留给我最深的记忆是呼号的风声。和海事处的工作人员闲聊，大家告诉我，采访的当天是个难得的好天气，有太阳，只有6、7级风。赶上天气不好时，8、9级的风也很常见，尤其是晚上，总是感觉有人在敲门，那都是风在作怪。

我和江常锋开玩笑，我们的采访是追着“锋”跑，而“锋”是追着风跑。江常锋则回了我一句：你要把风声想象成各种交响乐，就不怕了。每天风里来，风里去，也是一种乐趣。

（谢庆岚）

上海海事局外高桥海事处

六人行

上港集团
50t 60m
65t 55m
103
ZPMC
104
50t
105
ZPMC

六人行.

一部风靡全球的美剧《六人行》，表现了六个年轻人一同生活一同成长的喜剧故事，为无数人带去了欢乐。

在上海海事局外高桥海事处，也有一个“六人行”，六位不同年龄段的执法人员组成的工作组，同样是这个海事处的开心果，老同志们喜欢到这里来聊聊过去，年轻人们喜欢到这里来聊聊未来，总之，大家有事儿没事儿都爱到这里坐坐。这个工作组还有个响亮的名字，叫“陈维工作室”。

说起陈维，海事系统内当之无愧的明星，全国先进工作者，危防业务的骨干。可是走进“陈维工作室”，严肃沉重的危防监管似乎离这里很远，即便是业务讨论也是欢声笑语充盈其间。

“在这里工作，我们都很开心，因为大家都很团结、性格也活泼。”陈维逐一介绍她的同事们，“年纪大点的两位是汪本贤和范宏，年轻一点的是许墨和刘晓东，还有一个小姑娘是‘世博微笑服务大使’顾文婕。我们六个人工作中是搭档，生活中是朋友。”在“陈维工作室”门口的一堵墙上，挂满了六个人的集体合影，虽然组建起来的时间不长，但是能够明显感到他们聚在一起很熟悉，很快乐。

从2011年开始，上海海事局的危防管理业务实训工作主要由“陈维工作室”承担，全局各个基层海事处的危防管理执法人员都要在这里接受为期三个月的封闭式实训。春节刚过，整整一个星期，六个人都在封闭环境里集中编制实训大纲和教学方案。转眼就要到元宵节，可是任务还没有完成，时间又紧，“干脆我们今年把家人都接过来，在一起过个大的团圆节”，这个提议得到了大家的一致赞同。出乎意料的是，六个家庭组成的元宵节小型聚会异常成功，彼此的亲人也结成了要好的朋友，“能够把工作中的默契关系延续到生活里来，说明我们有缘分，不是一家人，不进一家门。”

危防实训带教开始后，日常工作任务开始变重，六个人除了要完成危防日常监管任务，还要负责学员们的带教和晚自习，半夜到家不可避免，这时家人的理解和支持显得尤为重要。在长达半年的实训期间内，谁多带了几天班，谁回去的比较晚，没有人会去计较。

4月和5月，正好许墨和刘晓东分别要结婚，两人不约而同地指定对方当伴郎。在婚礼的筹备上，其他四人也是不遗余力，汪师傅和范师傅忙着联系熟人，安排司机，打听各种婚庆公司，想方设法帮两位新郎既省钱又办大事。陈维和顾文婕则发挥女同志的优势，从引领嘉宾入座签到到操办婚礼现场执行，在细节上下足了功夫。办完这两场婚礼，大家的热心肠又落到了年纪最小的顾文婕身上，纷纷动用各自人脉关系，为小妹妹婚姻大事出谋划策。

危防管理的工作性质需要大家经常在外执法，往往会错过食堂开饭的时间，因此互相照顾是他们的最好办法，每到午饭时间就通过电话开始联系，谁要是经过好吃的外卖店还会一式六份带回来。说到吃，许墨和刘晓东还透露了一个小秘密，那就是顾文婕那里有个零食柜，所以每到肚子饿的时候，在她那里总能找到吃的东西，顾文婕也乐于把食物分享，但是他们不能总是让年纪最小的吃亏。作为“补偿”，每逢出差，他们也都记得给大家带回当地的特产。

整天与危险品、污染物打交道，“陈维工作室”的成员们练就了苦中作乐的本领，和谐融洽的团队氛围则为他们提供了彼此支撑。

采访者说　干在一起 玩在一起

没有想到，在这个以全国先进工作者命名的光荣集体里，气氛竟是如此的轻松。

采访的时候，他们正在开会。会上，没有什么激烈地讨论，似乎对方的想法彼此间早已熟稔于心，有什么说什么，无所顾忌，与往日常见的严肃会议相去甚远。

陈维是“冠名”这个工作组的“领导”，大家都叫她“室长”。她说的好，生活中大家都是很玩得来的朋友，工作上也都是各自领域的行家，每个人管好自己、享受集体，还真没她什么“室长”的事儿。

或许这就是当下不少海事青年的世界，独生子女的成长环境让他们对集体生活倍加向往。而“陈维工作室”就是这样一个舞台，既是同事也是朋友，白天能一起上船执法，晚上能一起KTV玩玩闹闹，这就是“陈维工作室”的故事。

（顾博）

一个故事，一次选择，一个片段，一次握手，甚至是偶然的一次回眸，在一个阳光明媚的午后，不经意间想起，或淡或浓的回忆，幻化为一刹那的闪神，沉淀为嘴角的一抹笑意，或许深刻，或许温暖，无非因为我们走过……

事业向来不是一帆风顺的，但我们有青春的热忱，健康的体魄，洋溢的活力，创新的思维，有一颗年轻而坚毅的心，还有所向披靡的勇气，所有这些，足可以让困难给我们让路。当然，我们还需要忠诚。忠诚的面对我们的身体，可以让我们的身体青春健康，充满活力；忠诚的面对我们的生活，可以让我们的生活亲切真实，更加精彩；忠诚的面对我们的工作，可以让我们的工作硕果累累，蒸蒸日上。

——林　晨

人生的三次选择

眼前的青年男子斯斯文文，谈吐儒雅。除了言谈间透露出特有的谨慎外，让人怎么也想不到这是一位有着十多年海上经验的船长。这就是林晨，海南海事局旗舰船“海巡183”的船长。

“千万别把我想得有多崇高，我并不是一开始就想着要在海上漂的。”林晨笑着对我说，走到今天，他的人生有三次重要的选择。

大学填报志愿，林晨报的是大连海事大学电子专业，阴差阳错调剂到了海洋船舶驾驶。第一次的选择带着些许无奈，但林晨自己也没有想到，自己慢慢喜欢上了这个专业。

毕业后，不到22岁的林晨进入中海集团中海油运公司工作。经过1年的实习，刚做三副的他就驾驶着比他年纪还大的5万吨级油轮满世界周游。由于林晨做事认真细心，老船长对这个小伙子另眼相待，把自己的看家本领悉数相传。“船龄大，设备老化，很多零件随时都有罢工的可能，要保证船舶安全，百分百不够，要做到百分之一百二十的准备。有备方能无患。”

老船长的言传身教让林晨受益终身，但海上的路走得并不轻松，通航安全和货物安全是危险液体货物运输的根本保障，危险性极强，精神压力极大。在这期间，很多同学叫林晨去合伙开公司，收入高而且又没那么辛苦，他没有走。“既然干了这行，我就要做到最好，完成我做船长的梦想。”远洋，是林晨的第二次重要选择。十年的时间，林晨从实习生、三副、二副、大副一步一步做到了船长，31岁时成为中海集团同届毕业生里面的第一个船长。

2008年，在船长位置上干得如鱼得水的林晨又做出一个让人大跌眼镜的选择——放弃船长的高收入，进入海南海事局工作。这是林晨的第三次选择，这一次很不容易：当时的林晨在中海集团的月工资已经达到2万多元，而海事局能给他的待遇不到中海集团的五分之一。如今和他同一批的中海集团的船长月工资甚至已经涨至5万元左右。说起这个让人难以理解的选择，林晨变得严肃起来：“当上船长突然发现，十年里，原来可以钓鱼的地方，很难钓到鱼了；船上的很多设备还是进口的，维修的时候总被卡脖子；海上石油平台领域还是老外的天下。我迷茫了，我们的国家真的富裕强大了吗？这么些污染怎么办？”在海上这十多年，林晨发现我国海洋环境形势不容乐观，船舶安全和船舶检查也有待提高。林晨说：“海上我已经做到船长，已经达到我个人的追求目标了，我要转到海事管理，在我国的海洋清洁和船舶安全管理方面有所作为。”

改变意味一切从头开始。林晨从行政相对人变成了管理人员，工作单位从企业变成了政府部门，角色的转换和工作方式上的差异让林晨一开始不太适应。但不管是在船舶处、计划基建处、新海海事处、交管中心，还是担任“海巡183”的船长，11年的油轮工作经历养成的严谨、负责的工作态度和习惯，林晨全部运用在了新的岗位上。

林晨担任“海巡183”船长后，回到了自己的老本行，原来的资历、学历和经验得到了充分的发挥。作为“海巡183”轮建造期间的监造代表，林晨对建造商提出100多条合理整改意见，维护了海南海事局的利益；驾驶“海巡183”现场到达距岸70海里的专属经济区文昌石油平台巡查执法，是海南海事局首次以船艇现场抵达形式对专属经济区水域进行巡查执法，为海南海事局实现对专属经济区现场监管迈出坚实的第一步。

每一次选择，都尽力做到最好，这是林晨的追求。而说起自己现在的心愿，他说，希望将来我国的海事装备越来越强，船舶航行更加安全，海洋环境更加清洁。其次是带好队伍，培养出一个能够替代自己的接班人。“还有，自己在业务上再努力一把，努力成为高级船长。”对第三次的选择，林晨依然在规划着自己的梦想。

（汪蓓）

将奉献进行到底

青春会在计算得失的犹豫中转眼即逝！不要犹豫，义无返顾的投入奉献，你会发现人生快乐的真谛！我们所处的时代对青年人还算宽厚，只要努力奋斗，还是会实现大多生活的理想。

——康家赐

康家赐

将实干进行到底

熟悉福建宁德海事局监管处处长康家赐的人都知道，他是个不折不扣的实干家。做事踏实，肯动脑筋，善于总结。

50多天吃睡一张桌

“空荡荡的局机关大楼里，有一个身影，在值班室里挺了50多天。”宁德海事局的人提到康加赐，会不约而同说起2006年防抗桑美超强台风，他一个人独自坚守岗位50多天的事儿。

“局里的人都追台风去了，值班室一定要有一个人在。”回忆起那些日子，康加赐依然记忆犹新：“吃、睡都在一张桌子上完成。”没有多余的人手，他一个人左手接电话右手发传真，眼睛还要直挺挺地盯着电脑屏幕，更新着最新的防台数据，一步都不敢离开。在外界与沙埕港救灾现场通信极端困难的情况下，他硬是通过电话长篇口授确保了信息沟通及时有效。在最后一个走出抗台值班室的瞬间，最让他刻骨铭心的，是手中一份沉甸甸的数据——防抗桑美超强台风过程中，辖区商船没有出现一起人命事故!

那段抗台值班的特殊经历，让康加赐对于防抗台风的各个环节步骤有了更深的认识。如今，人们已经习惯在防台过程中留下每条船每个船员联系方式，这一做法正是源于当年康加赐的深刻总结。

让规律形成规范

“福建是个台风登陆相当频繁的省份，虽然台风不可预测，但是防抗台风的工作还是有规律可循的。”康加赐利用业余时间搜集了其他地区防抗台风的先进做法，又结合了这几年的实际工作经验，撰写了一本《防抗台风指导书》。翻开这本指导书，辖区防抗台风重点，什么阶段做什么事，谁负责发文谁负责接电话，一目了然。“这本书就跟教科书一样，我们新人工作经验不足，有什么环节不清楚的，一看书就明白了！”值班室里新来的小伙子觉得指导书很好用，康加赐也很高兴自己的工作经验派上了用场。“无论是谁，只要有这本书，工作一般不会出错。”

基础工作不放松

2009年，康加赐成为宁德海事局监管处处长，这一次，他碰上的是辖区纷繁复杂的形势。“渡口渡船一直都是宁德局的监管难点。大家都觉得对自己的辖区很熟悉，可真要问起具体情况，又都说不太清楚。”上任半年后，一个藏在康加赐心头很久的念头爆发了：“我要对辖区海事监管对象基础资料做一个汇编。”于是一个实干的工作小组成立了，通过长达半年的辛勤收集，一套七册的《海事监管白皮书》顺利诞生。

康加赐的用心之处还体现在细节上。“辖区形势在变，这套书也要不断改变。”所以，这套白皮书每一本都是用活页穿起，每个项目都设有编号，每个渡口都附有数十条的详细信息。“就算是没有渡口的地方，我们也会在表格里塞个编号为0的空格，这样以后就可以很方便地往里填东西了。有了它，执法人员行政执法高效多了，拿出册子一对照一记录，还有什么不清楚的呢？”

关于下一步的工作，康加赐已有所考虑。“修造船舶是目前辖区又一个难点重点，我想把心思多放在上面，好好琢磨研究找准规律。工作嘛，多发现、多总结自然就会有提升。”看来，康家赐一如既往要将实干进行到底。

（谢庆岚）

我只做了应该做的工作。
荣誉终究要过去，成为往日的风采。
我希望这些能成为今后成长的基石，
而不是我留恋的温床，
我要在海事的舞台上放飞我青春的梦想，
创造明天的辉煌。

刘景升

指挥所组员

刘景升

亚丁湾上当“红娘”

“我是“乐从”，我是“乐从”！我船被海盗袭击，请求支援！请求支援！！”听到话筒里传来的枪响，刘景升的心一下子提到了嗓子眼！他立即向指挥员进行了报告。指挥员一声令下，“徐州”舰全速驶往事故水域！

刘景升要继续与“乐从”轮的船长保持联系，及时掌握“乐从”轮上的情况，可是突然间话筒里没了声音，只能听见隐约的枪响和钛雷爆炸的声音，豆大的汗珠在刘景升的头上密密麻麻的渗了出来。“‘乐从’、‘乐从’，听得到吗?听得到吗？！徐州舰已全速驶往救援，请你们确保自身安全，等待救援！”在接下来的三个小时里他把这句话重复喊了无数次……夜幕降临，高频里突然传来了“乐从”号船长的声音，“海盗已被我们成功击退！”刘景升听到这句话，悬着的心终于放了下来，嗓子也像火烧一样说不出话来……

每每回忆这段经历，辽宁海事局刘景升仍然心有余悸，在那次抵抗海盗袭击的过程中，“乐从”轮上的一个厨师身中两枪，一枪贯穿了小腿，另一枪贯穿了肚皮。他第一时间与船员公司进行了联系，在“徐州”舰的护送下把伤者送到了就近的岸上抢救。“出海航行的船员们不易啊！”每次说完，刘景升的眼眶都湿湿的。不为别的，就为他也当过十年的船员，就为他作为中国海事人光荣地成为了中国海军第六批亚丁湾护航编队中的“红娘”！“如果没有在中国海事请来的这些“红娘”，我们的护航任务也不可能执行的这么顺利！”一个编队指挥员在任务结束后接受记者采访时这样说。

作为亚丁湾上的“红娘”，刘景升的主要工作之一就是为商船和军舰牵线搭桥。正是有刘景升从中“牵线搭桥”，商船才能按照护航编队的统一要求整齐划一、列队前进，才能让离队的“大雁”第一时间找到温馨的集体。刘景升需要时刻坚守在工作岗位，险情就是命令，白天和黑夜对他来说已经没有了明显的区别。有时他刚刚睡熟，就会被电话惊醒，身体还来不及反应又必须走到工作岗位处理突发问题。有一次，刘景升在工作时，身体突然出现了手脚麻痹、眼花、无法站立的症状，他回忆当时，“感觉像船翻了一样，天眩地转的”，医生诊断为由于休息不够而引发的急性高血压，低压110、高压150！身体虽然亮起了“红灯”，可是并没有影响刘景升工作的节奏，每天照样不分黑白、时刻坚守、随时待命。刘景升在护航日记里写下了这么一段话：“能够代表中国海事来到亚丁湾参与护航任务，这是我一生的荣幸！我必须得对自己的工作负责、对海事的事业负责、对身后伟大的祖国负责！”

刘景升还完成了一次特殊的“联姻”。当时有四艘福建造的远洋渔船驶往塞纳里昂捕鱼，在驶入亚丁湾时请求中国海军护航。刘景升收到请求信息后，将情况报告给了指挥员，指挥员考虑到捕鱼船船体小、速度慢，无法加入到护航编队中，又没有多余的军舰单独护航。刘景升当然理解指挥员的想法，可是又不能对船上的中国船员不管不顾，远洋渔船一旦被海盗盯上肯定再劫难逃。于是他极力建议指挥员派特战队员登船随船护卫，指挥员听了他的建议立即派了八名特战队员全副武装登上了远洋渔船。有了中国海军特战队员的随船护卫，渔船上所有的船员都激动不已，他们纷纷登上甲板，欢呼雀跃，举起一面迎风飘扬的五星红旗！看到这一幕，刘景升的眼睛红红的……

（刘殿然）

以前觉得一个人一辈子干一个工作简直无法忍受。

现在却希望，我能一辈子干这个工作。

虽然岗位平凡，青春却同样精彩。

“影后”也平凡

“影后”是同事们对黑龙江海事局党工部郭慧的昵称。2008年，郭慧从黑龙江大学中文系研究生毕业后进入黑龙江海事局，在党工部做科员，她终日在没有窗户的办公室里围着两台复印机、一台电脑、一台打印机忙碌。

“经常印完几百页材料后，发现鼻孔是黑的，很是奇怪。”郭慧笑着说，后来年长的同事提醒我小心铅中毒，才明白，鼻孔里的是铅粉。

被同事们叫作“影后”的郭慧，自己戏称“茶水小妹”。发通知、贴发票、订机票、接传真……郭慧每天要处理的都是琐事。

由于每天被交办的事情太多，每次接到任务，郭慧就记录在便签上，并贴在电脑显示屏上，每完成一件后再划勾标示。看到她电脑屏幕上的便签此起彼伏，同事们对郭慧的称呼改成了“便签影后”。

在大学里一直当班长的郭慧在同学眼里闯劲十足、大大咧咧，很多人都记得她摇晃着马尾辫信誓旦旦地说：30岁之前要环游全世界。她们说，郭慧有思想、有创意，喜欢天马行空，希望与众不同，一直想当一名教师。从“自由女郎”到“便签影后”，她们说，郭慧是在用自己的劣势迎接挑战。

“我的人生梦想本与海事无关，可人生的转角却让我遇到了最讲究服从和执行力的‘海事’。”说起这些，郭慧挠了挠头：“后来，我慢慢知道，我并不是个例。在海事系统中，很多学习轮机、驾驶专业的，因为工作需要，他们放弃了喜爱的专业，转做行政。虽然他们也知道行政岗位繁琐、无味，难以出成绩。但行政岗位也得有人干。”

郭慧

干一行爱一行。郭慧决定改变，改变自己，适应行政工作。

改变像涅磐一样，其中的痛苦只有郭慧自己才知道。“最初起草一个一百多字的会议通知，我要改好几次才能过关。要严格遵照公文体，自己不能有丝毫创新的空间。真觉得我这个中文系的研究生白读了。”回忆这些无奈，面前的郭慧已经很坦然。一次次推倒重来，成就感不期而至。现在从几百字的小材料到洋洋洒洒几万字的大材料写作，郭慧都已经驾轻就熟。她已经成了黑龙江海事局有名的才女。

郭慧也在“涅磐”中走向成熟。“每次通知开会，要给二十几个中层干部挨个打电话，一上午，同样的话重复二十多遍，时间很快过去了。要是说整整一个上午什么也没干，却被累得头昏脑胀；可要盘点成果，又没有什么可以搬上台面的东西。”郭慧笑着说，很多人认为，能进入黑龙江海事局机关工作，不用风吹日晒，没有雪雨浇淋，应该很惬意。可要干好这份工作，真的需要付出很多。

很多人奇怪的是，“涅磐”后的郭慧干练沉稳，却更加富有激情、敢于创新。除了把工作要求的琐事干好，她创造性地工作令大家耳目一新：她组织出版了黑龙江海事局第一本青年文集，她创办了网上青年论坛，她组织了与贫困儿童结对子活动……

“以前觉得一个人一辈子干一个工作简直无法忍受。”郭慧乐呵呵地说：“现在却希望，我能一辈子干这个工作。虽然岗位平凡，青春却同样精彩。”

（任晶惠）

要有一颗平常心，笑看沉浮，静对得失，
不为名利所累，仅为事业忠诚。

要有一颗进取心，不甘平庸，不畏艰难，
努力实现价值，实为人生无憾。

要有一颗宽容心，诚以待人，善以待物，
力求内心坦荡，探寻美好人生。

得意时，不浮躁，把成功当成一次储备；
失意时，不气馁，把挫败当成一种鞭策；

因为，我们还有更长的路要走。
此“三心二意”与海事青年朋友共勉。

——鲁德伟

意外的收获

"一纸之隔"

在没参加2010年夏季达沃斯市民代表选拔活动之前，我与达沃斯是"一纸之隔"。每天奔波于工作与家庭中，而达沃斯存在于报纸的新闻中，遥不可及。

8月3日，出差去北戴河，在车上接到了同事打来的电话："单位推荐你去参加达沃斯论坛。"

电话那端的简单几句，让我又激动又讶异：只限于国家元首、学者、商界精英才能参加的世界级论坛竟然向我打开大门。

本以为只要有了单位推荐就可以直接出席论坛。等回到住处收到传真后，我才恍然发觉，自己想得太过简单了，原来作为市民代表，整个天津市只选5名，而报名者多达数百人，要经过层层的选拔才能真正走进达沃斯。

这是达沃斯首次有市民代表参会，我一定要全力争取。

500，100，25，10，5

初试、面试、复赛、决赛，达沃斯论坛市民代表的选拔赛持续了一个多月，终于结束了，结果我自己都有点吃惊，我竟然走到了最后。500，100，25，10，5，随着人数的骤减，我成为5名代表中的一员。

其实，无论胜出与否，我都认为自己是胜利者。因为我没有排球女将李珊的知名度，也不是经济领域的专业人士。在初试阶段，别人看到我的单位名称，都无不好奇的问：能否简单介绍一下海事局是做什么的？我按捺住心底的无奈，一遍遍地解释海事局的工作和肩负的使命。

后来我发现，市民代表的角逐广受关注，是媒体关注的焦点，正好是宣传海事的机会，一定要利用好，要专业性强的海事为更多人所了解。从初试走到决赛，每次我都着海事制服入场，天津海事局一次次走近大众视野，人们开始熟悉并认可海事人的工作。对我来说，这意外的收获比2010天津夏季达沃斯论坛的"通行证"更加重要。

容小我于世界

今天，我和其他四名市民代表一起迈上了2010年夏季达沃斯论坛的红毯，世界经济论坛议程高级经理尼杰接待了我们。我能感受到投射到我深蓝色海事制服上的目光，热情而友好。

我的职业再次成为关注的焦点。

“能否简要介绍一下海事局是做什么的？”当这个问题在这样宏大的场合再次被问及，我很高兴，又能借机做一次免费宣传。为了宣传的完美，我在过去的一个月里每天“练功”——英语综合表达和仪容仪表，研究海事专业领域与达沃斯所涉议题的关联，用最平实的语言和文字向达沃斯、向公众介绍中国海事。

在接下来的三天里，作为天津市民代表，我将参加达沃斯论坛的开、闭幕式及文化晚宴，并与世界经济论坛的高级官员会晤交流。同时，还有一项重要的任务就是作为天津海事局的代表，针对“港口经济和航运经济”的议题，通过世界经济论坛的麦克风，向来自世界各地的宾客和公众介绍天津在海洋经济发展和海洋环境保护方面所采取的方法和取得的成绩，展示海事在推动港航经济可持续增长中的作用和贡献。没时间多写了，我要抓紧准备。

把职业当事业

今天，偶然翻出一张很有意思的老照片，想来应该是2003年举国抗非典时期的事了，照片中的自己带着医用口罩和橡胶手套，正在跟着单位的老师傅学习船舶安全检查。那时的自己一脸稚嫩，眼神中充满了好奇。

难怪人们总说，光阴似箭，一逝不返。想想从2003年参加工作至今，不知不觉已经走过了8个年头。在这人生最宝贵的八年里，我遇见了很多人，经历了很多事，自己也从当年的愣头小伙儿步入了而立之年。回望自己走过的这一段路，有过成功的光环，有过挫败的沮丧；有过拼搏的激情，也有过内心的彷徨。

有太多的励志格言告诉我们一定要有雄心壮志，有更多的勤勉格言告诉我们付出才能有收获。当我们踌躇满志的穿上头顶国徽、肩扛金锚的海事制服，雄心万丈的高唱着“让航行更安全，让海洋更清洁”的海事之歌的时候，我们为自己从事了这样一份神圣的职业感到骄傲和自豪，我们的目光，已经瞄准了海事领域的业务专家和领军人物，甚至想象着能有一天站在国际海事组织的演讲台上，代表祖国发表新的海事提案。

但是在现实工作中，你可能每天都在枯燥的对着高频电话重复的喊着“再会”，夜半三更要顶风冒雪的去处理一起紧急的海事事故，通宵达旦的撰写一篇重要的公文稿件，或是为了准确的描述一个检查缺陷不得不去翻阅那些连外国人都看不懂的国际公约。在经历了这些之后，我们都会或多或少的产生这样的疑问：我的工作实在是太枯燥、太辛苦了，这份职业除了能给我一份稳定的收入之外到底还能带给我什么？曾经的雄心壮志渐渐的变成了怨天尤人，于是，我们开始羡慕同龄人早早的当上了领导，开始羡慕别人总是得到领导的赏识有学习培训的机会，然后在这种极不平衡的羡慕中，悄无声息的度过了五年、十年。

这还是我们当初规划的职业生涯吗？显然不是！

俗话说“三百六十行，行行出状元”，这是因为，就任何一种行业而言，都给了从业者一个机会：一个均等的、通过奋斗成就事业的机会。所以，当我们在质问自己的职业有多少机会和发展空间的时候，还是先审视一下自己，问问自己：我做到了吗？

朋友们，当我们还有时间和精力的时候，请珍惜它们吧，多充实自己，养成独立思考的好习惯，安心于平凡的工作岗位，但绝不甘于平平庸庸度过一生，把自己选择的这份职业当做事业来做，真正活出一个无怨无悔的精彩青春！

（刘芳）

作为青年，首先要学会独立思考，独立思考是一个人真正成熟的标志，是独立打理工作的必要条件。其次要学会爱岗奉献，只有热爱岗位，才有事业心和责任心。最后，要脚踏实地的去拼搏，无论梦想有多绚丽，没有实践、没有拼搏，梦想大多会是梦中想来的虚幻。

——日照海事局东港海事处处长崔昊旻

我的别名叫“三郎”

崔昊旻

采访者说：幸福是什么

是谁为了挽救海上一个个的生命，忘记了远方年迈的父母也需要儿子的爱；

是谁为了履行对相对人的承诺，忘记了嗷嗷待哺的孩子也需要父亲的疼；

是谁为了他人的安宁和幸福，忘记了家中妻子温柔的期盼。

什么时候读不懂了孩子的眼神，

什么时候淡忘了回家的路，

什么时候遗忘了自己也需要一个休憩的港湾，

一个温暖的家……

和崔旲旻的对话，我一直带着一种疑问，这样拼命的工作，忘记了家人，放弃了家庭，这样的生活幸福吗？但从崔旲旻始终带着的微笑我读懂了，他是幸福的。正如他所说：幸福不一定非要得到什么，有时候，付出也是一种幸福，一种让他人幸福自己也被传递的幸福。就像现在的东港海事处，大家都在享受着这种幸福，已经从以前的一个“拼命三郎”渐渐变为拥有很多“拼命小三郎”的“拼命郎窝”了。

（冯立侠）

老崔的别名叫“三郎”

□□■

“崔处长，‘七星21’轮在岚山港靠泊期间发生混合苯外漏事故。”晚上18时40分，崔昊旻刚刚坐到饭桌前，还没来得及吃饭，便接到了指挥中心值班人员的电话。混合苯是一种易燃易爆微溶于水的液体，且挥发性强，暴露于空气中很容易扩散，人和动物吸入或皮肤接触大量混合苯进入体内，会引起急性和慢性苯中毒……崔昊旻开始从大脑“数据库”迅速翻找。想到这，他将刚刚拿在手的馒头“啪”的一声甩在了菜盘子上，二话没说，随手拿起衣服便跑了出去。

“当时吓了我一跳，但我知道一定是单位又出事了，老崔这样接到电话便匆匆离开的时候太多了。”崔昊旻的妻子很理解地点点头。

挂档、踩油门……平时一个多小时的路程，崔昊旻仅用了45分钟便到达了出事地点，一下车便冲出去，跑向现场。“当时崔处长都没来得及穿防护服，是边跑边往身上套的。”崔昊旻的同事清楚地记得那一幕。

“快，组织出事船舶及相邻船上人员撤离，码头、船舶停止一切能够产生静态火花的作业，清污人员做好安全防护措施开始布设围油栏，500米以内无关人员不准进入……”崔处长凭着专业知识和实际工作经验，一口气下达了一连串的指令。

之后，崔昊旻有意地留意了一下天气，还好，有雾无风，空气湿度较大，混合苯扩散面积不会太大，他稍稍松了口气，便跳到清污船上加入了清污队伍。本来，作为处长的他没必要非冒着生命危险在现场参加清污，他完全可以直接在监控室指挥的，但他心里清楚，混合苯是一种特殊的有毒物质，如果处置不及时、不得当，后果将不堪设想。

围油栏在紧张的布控，海巡艇、拖轮在港外全面警戒，崔昊旻在现场有序的指挥清污，海天之间一幅忙碌的救助场景，急促而有节奏。就这样，崔昊旻始终站在清污一线，跟踪处理事故到第二天凌晨五点，直到大气中苯的含量基本正常。

“从现场回来直接就进了会议室，他连口饭都没顾得上吃。”同事说，为了尽快排除安全隐患，崔昊旻在清污的同时就一直在思考有效地卸货技术方案，到了会议室马上和专家展开讨论，一次次的对方案进行修订，直到拿出最佳方案。与此同时他还积极协调港方和船方的矛盾，迅速地做好事故调查，这样一直连续忙碌了四天四夜，直到船舶卸货完毕没有任何险情隐患，他欣慰地笑了。“回来时他在车里就睡着了，看他熟睡的样子，到了单位我们都不忍心把他叫醒。”同事费鹏说。

“崔昊旻就是这样一个人，干起活来不要命。他有个别名叫‘三郎’——拼命三郎。”费鹏说，那次他趟过没腰的积水连夜对码头十余艘船舶实施检查，他这个‘崔三郎’就被传开了。”

然而，人的精力都是有限的，崔昊旻一直把工作放在首位，却忽略了家里的妻子和儿女。“对家里我始终有种愧疚感。”崔昊旻无奈地说。他有一对双胞胎儿女，长得非常可爱，在他们刚刚出生还没过满月的时候，崔昊旻为了筹备东港海事处船舶监督科，整天吃住在单位，因为自己一个人照顾不了两个孩子，他妻子只能含着眼泪抱着一双儿女回老家。可怜的孩子两岁半就开始上幼儿园，从上小学就开始自己挤公交车，这位“不称职的父亲”直到现在才知道孩子们为了避开公交车站前的大狗，三年来一直是多坐一站地再自己走回来……

当人们孤身穿越纷扰的繁尘，总得有一份执念值得守望，在跋涉千里后，仍能夜夜感悟迷香。坚持的是最初的美好，守住的是内心的清明。

陈雄斌

普通一个“兵”斌哥

也许我们不能都做拔尖人才，但是我们每个人都可以做个踏实的工作者和执行者。我经常在想，只要我们凭良心做事，负责任成事，我们一样可以得到大家的尊重，一样可以收获成就感，一样可以有大进步。

普通一个“兵”

在广西11月20多度的温暖天气里，他整整齐齐地穿着笔挺的海事秋季制服，坐在我面前，腼腆地笑着，不时拿张纸巾擦去手心的汗。

他叫陈雄斌，是广西钦州海事局港区海事处的一名普通员工。而单位里上到海事处处长，下到刚进单位的新人，甚至包括局领导都会亲切地叫他一声“斌哥”，来海事处办业务的船员和代理也会亲切地打招呼，说声“斌哥好”。

面对采访，他略显紧张，说得最多的一句话就是：“我就是海事普通的一个兵，干的都是平常的事情。”可工作16年，有15年的大年三十都在值班室度过，这实在不是件平常的事。

“我家近，回家方便，你们回一趟不容易，我在这里值班吧”。每年春节前，陈雄斌都这么对同事们说。2011年春节，在领导的特别交待和同事们的坚持下，在缺席整整15年后，他终于和家人吃上了一顿大年三十的团圆饭。可刚大年初一，他居然又早早赶到单位来值班了。

不止是春节，由于海事处实行24小时工作制，每天都必须安排人值夜班。处长安排值班时，陈雄斌总说：“年轻人节目多，让他们先回去吧。”同事有事找人换班，他总说：“我是本地人回家方便，我来值吧。”安排补休时，他却说：“我手头的工作还没做完，以后再说吧。”算起来，陈雄斌在海事处呆的时间比在家里多几倍。

过多的值班让陈雄斌养成了抽烟的习惯，有的时候一天要抽好几包。但这样一个烟瘾极大的人，在调到政务中心工作后却毅然地戒了烟。

政务中心的同事满心佩服地讲了陈雄斌戒烟的故事。“每天直接接触行政相对人。一些人想套关系钻空子，经常递烟。我们其他几个人都不抽烟，递烟的人就老往斌哥那里转。斌哥为此特别苦恼，后来他干脆把烟彻底戒了。”

我以为这应该是陈雄斌基层工作最真实的写照了，可是港区海事处的人告诉我，现在是在新的办公大楼，条件好很多，事实上，还有更为基层的地方，记录着陈雄斌走过的青春。

两间紧邻路边的民房，加起来不足60平方米，办公、吃住都在这里。路上车来车往，房间里灰尘弥漫——这是港区海事处的旧址。“2009年有个大学生本打算报考我们处的，过来实地看了工作环境后就放弃了。”港区海事处处长黄恒笑着说。“不过这儿也比茅岭海事处强多了。”

茅岭海事处，是陈雄斌参加工作的第一站。那里，是钦州辖区最偏远的站点，人烟稀少，工作和生活条件都极为艰苦。经常断电，生活用水要自己用木车到几公里以外的地方去拉。平时洗澡都是先在海里洗一遍，再用淡水冲一下。这样的环境，陈雄斌一干就是8年。直到2003年，茅岭海事处撤并，陈雄斌主动请缨，来到当时处于建设初期，条件艰苦的钦州港，一干又是8年。

斌哥能吃苦，也爱学习。16年来，为了提高自身的业务能力，他一直坚持学习，自学了法律，取得了会计从业资格证书，还主动由本科起点再回专科，参加了上海海事大学海事管理专业大专班学习。他认真地说："我在乎的是学到知识，干好工作。"

由于长期饮食不规律和常年操劳，陈雄斌患上了胃病和严重的颈椎病，在岗位上晕倒过，20多度的天气还得穿着厚外套御寒。但身为海事处有资历的"老"同志，陈雄斌却像新人一样每天忙前忙后。港区海事处最流行的一句话就是"看看斌哥是怎么干的！"

走在崭新的办公大楼里，陈雄斌总会一脸满足地微笑："现在的环境多好啊，原来可比现在艰苦多了。当时的工作能做好，现在当然要做得更好！"

看着眼前这个个子不高、朴实无华的男人，我忍不住问："如果一辈子在基层，你会觉得后悔么？"他的回答没有丝毫犹豫："没什么可后悔的！每个人有每个人的活法，我就想当好普通一个兵。"

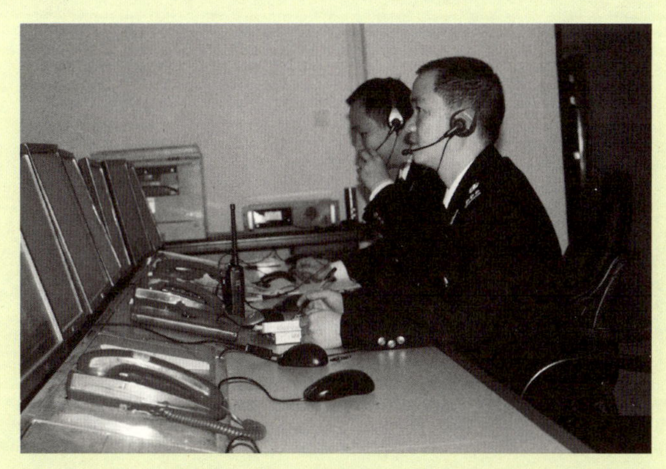

采访手记：平凡中的感动

正如《士兵突击》里许三多说的："他做的每件小事就好像抓住一颗救命稻草一样，到最后你才发现，他抱住的已经是参天大树了。"光荣在于平淡，艰巨在于漫长。当更多的人竞相盯着谁的职务高，谁的待遇好时，陈雄斌却说，也许我们不能都做拔尖人才，但是我们每个人都可以做个踏实的工作者和执行者。

讲述自己的事迹时，陈雄斌显得非常拘谨。而一聊到钦州港这几年吞吐量的增长、海事处的变化，他立即变得神采飞扬。眯起眼睛，开心地说："现在比过去好多啦，我们海事事业会越来越好的。"

安于平凡，耐得住寂寞，又积极进取，默默奉献——这应该就是陈雄斌，普通的海事一"兵"。

（刘债）

高原上的回响

背靠大山　面朝库区

西百色海事处隆林办事处的年轻人

高原上的回响

清晨7点，水面的薄雾还没散开，广西隆林县革步乡码头就开始热闹起来。广西百色海事处隆林办事处的几个年轻人也开始忙碌，做安检、办签证、收港务费、维护小学生下船上码头的秩序、上岸时再顺手帮年迈的阿婆把几袋子玉米扛下船。若不是穿着制服，谁也看不出他们和这些赶集的人们的区别。

办事处的小伙子们都很年轻，全部是80后，平均年龄只有27.2岁。他们的家距离百色都很远，江西、广东、辽宁、江苏的都有，算上交流实习的，组个“八省联军”绰绰有余。他们的工作很单调，和库区的船员收三五十块钱的港务费、帮七八米的小船做安检、周末时候去码头维护小学生们回家上下船的秩序。他们的学历都不低，都是大学本科以上，有两人还是研究生。背靠大山，面朝天生桥库区，是什么东西让一群80后扎根在这个小地方？这个团队的凝聚力在什么地方？他们的主任、“老大”黄锐笑着说：“我们不靠说大道理，我们靠的是以身作则。”

以身作则自然要从“老大”做起，2010年6月，黄锐喜得贵子，还是一对孪生儿子。可是听说辖区准备开展专项整治工作，黄锐却毅然回到了工作岗位，他爱人从住院到生产，他仅陪了三天的时间！整治工作开展到鲁布革水电站下游时，巡航船被一条暗藏在水下的缆绳挂住螺旋桨拴在了江中，恰逢水电站放水发电，船舶在水位的上涨和激流冲击下，船头高高翘起，随时准备倾覆，又是“老大”把绳子拴在腰间，手持钢锯摸到船底排除了险情。每次清晨的外勤检查、驾船巡航、各种材料准备，他都坚持早起多做：“你们都是年轻人，能多睡就多睡一会。”其实，他也不过29岁。

2010年9月，巡航中的执法人员接到求救电话，云南籍客渡船“多依河2号”在天生桥库区遇险，船上载有45名小学生。当执法人员火速赶到现场后，发现情况比想象中要严重得多：机舱进水、船舶失去动力、船身倾斜，一群小学生惊慌失措的挤在船头，船主正在往船外排水。恰逢黄锐出差，主任助理刘显立毫不犹豫地喊道：“我先上！”为了防止执法船舶在风浪中与客渡船碰撞，两船首尾绑好缆绳后相距一米，刘显立跨在船首转移学生，并让一名执法人员手持太平斧在船舷准备，若客渡船沉没立即砍断缆绳。当学生转移完毕后，刘显立一身大汗瘫倒在甲板上。事后大家问他：“要是客渡船真的翻沉了怎么办？”他斩钉截铁地说：“跳下水去救，救到最后为止！”有人问他“最后为止”是什么意思，他微笑着没有回答。

类似的故事还有很多，每一个隆林海事职工都曾经当过主角：与老婆孩子三地分居被戏称为“三角恋” 的李智鹏、法学专业毕业苦钻船舶管护养修的“机舱狂人”陶三、清除碍航物被刮得伤痕累累却乐此不疲的“排障鱼雷”李仕录。

在隆林海事工作久了，年轻人们不再关注Iphone手机出到哪一款、不再注意有没有新的网络游戏推出，甚至，他们的普通话也开始夹杂着壮语、苗语的口音。他们关心的是哪个寨子的学生们乘船上学还有困难、哪位船员的船舶证书即将到期要上门办理、哪一段航道养殖网箱容易移位碍航。

2010年的春节，隆林海事的大门口贴了这样一幅对联，上联“放眼百里共管库区水域”，下联“胸怀万众水上出行平安”，横批“献身海事”，这就是这群年轻人心声的真实回响。

（李盛）

吴建潘

苏东坡有句名言：“古之立大志者，不惟有超世之才，亦必有坚韧不拔之志。”凡事要有所成绩，都离不开“坚韧不拔，持之以恒”。勤勤恳恳、兢兢业业的工作奉献，在推动海事事业前进的同时，也必成就我们个人。

黄骅鑫昊船务公司溢油处置中
SHIPPING COMPANY OIL SPILL DIS OSAL CENTER
消防器材

风和沙的坚守

专业成绩优异、英语通过国家6级、英语口语表达也很出色，2002年7月，吴建潘从大连海事大学毕业来到河北沧州海事局，成为第一批进入沧州海事局的大学生。

沧州海事局设在黄骅，在这里天茫茫、地茫茫，风吹只见黄沙扬。来自山青水秀福建莆田的吴建潘被黄骅的荒凉与贫瘠震惊了。更让他震惊的是送他来的司机师傅的叮嘱："小伙子，平时出去一定要小心，别让炮弹打着，前面有个军工炮厂，经常演习。"

"要说刚来时没想过走，那是假话。"吴建潘坦诚地说，他曾联系了一些单位，厦门海关、远洋公司也都曾向他伸出橄榄枝。

为什么最后还是选择留在了黄骅？

"当时沧州海事局还没有进行PSC检查的资格，每次有外轮停靠黄骅港，需要河北海事局的检查官坐五六个小时的车前来检查。领导问我，想不想做PSC检查？"回忆起这些，吴建潘笑了。他说，当时兴奋得两眼冒光，连说，想、想，当然想。从那时，他就决定扎根黄骅。因为他知道，一个刚毕业的学生承担PSC检查重任，机会是多么难得。贫瘠的黄骅将是他成长的沃土。

于是，7月份刚刚报到的吴建潘，8月份就参加了PSC专项检查培训，12月份沧州海事局被授予PSC检查资格。他参与了沧州海事局第一艘外轮PSC检查，他成为2002年进入海事系统拿到PSC执法证第一人。

"小吴很快成为了PSC检查的主力。"和吴建潘共事近10年的王东海说，给每艘船做完PSC检查后，小吴用英语做检查笔记，并用英语写好小结；没检查任务时，每天晚上8点吴建潘都会在宿舍看海事方面的工具书。

"一次，小吴检查一艘巴拿马籍散货船，发现燃油泄露报警器里的浮漂连杆断裂了，提出要滞留该船，船长当即火了，认为是无理滞留，可看到小吴很快找来了国际规则复印件，他才服气。"王东海说。

在同事眼里，吴建潘是佼佼者，而在家乡的亲戚看来，他却是一个“另类”。吴建潘几十位堂兄弟、表兄弟都在做生意，其中不乏大老板，他们不明白，为何老表能在荒凉的黄骅坚守清贫？

2004年，又一位“另类”做出了更加让人诧异的举动。

陈熙，吴建潘的爱人。2004年，她毅然放弃了在台资企业的工作，跟吴建潘来到黄骅。

“到了这，才知道什么是残酷。”陈熙说，风一来，整个人都被卷在灰尘中，盐碱地一望无边、寸草不生，没有城、没有街道，没有商店、也没有车站，水又苦又涩。更为残酷的是，法律专业大学毕业的她，在黄骅连每月400元工资的饭店服务员工作都找不到。无奈之下，她只能租了一个小门面开了一间小店。

“既然嫁了，就得支持他，没办法。”陈熙爽朗地笑着说。她说幸亏自己是一个开朗的人。“那时，星期一一大早他就要去港区上班，星期五晚上才回来，我自己呆在黄骅，没亲戚、没朋友，也听不太懂当地话。等着盼着他回来，却只见他疲惫得倒头便睡。”陈熙说，当然有怨言、也有不满，可时间长了，慢慢就习惯了。

“为什么不吵？把怨气发泄出来，不然自己太苦了”我问。

“我不敢吵，吵了，劝的人都没有，怕出事。”陈熙说。

“习惯了，习惯了。”这是整个采访过程中陈熙说的最多的一句话。

至今陈熙也没有工作，一人带着孩子，爱人经常不回家。在黄骅本地人看来，这个南方女子太另类了。后来大家知道了实际情况，纷纷惋惜地对陈熙说：“闺女，念了那么多年的书，白瞎了。”

身为沧州海事局建管处处长、“海事系统十佳青年标兵”的吴建潘在6岁的儿子看来，也与众不同。因为，别的孩子会有爸爸陪着玩耍、护送上学，而他的爸爸会问：“儿子，你在哪个幼儿园上学呀？”别的孩子在医院会有爸爸陪伴，而他在生病时，只能听爸爸在电话里说：“儿子，你要坚强！”

另类的吴建潘让妻子和儿子有太多梦想。

“我想去秦皇岛玩一次，听说那很好。”儿子说。他的爸爸曾经借调到秦皇岛工作过一年多，但能去那里玩玩，至今仍是他的梦想。

“春节回趟老家。”这是陈熙的愿望，她说，因为他工作走不开，已经三年没回去了。老家过春节很热闹，而这里一到春节，基本上都走空了，连卖东西的地方都关了门。直到大年初四，看到马路上有了车，会很高兴。

“我愿以风沙、寂寞相伴，我愿守海上一方平安。”在吴建潘看来，所有的辛苦和对家人的愧疚都可以因这海上平安而无悔。

（任晶惠）

有志青年要与时俱进，珍惜来之不易的工作，先做人，后做事，先修德，后立业，诚信做人，信念坚定，脚踏实地，兢兢业业做好每一件简单、平凡的事，实现自己的理想追求。

——毛　龙

第一柜船舶档案
1956年—1974年
一二号证书
船检技术档案

落空的愿望

19岁便入伍的毛龙复员时有个愿望，那就是不再两地分居。他说，在部队13年，亏欠家人太多。

于是，转业的毛龙选择了黑龙江佳木斯海事局，为此，他把小家安在佳木斯。出乎他意料，他被派往抚远海事处。

抚远是中国最东的县城，不通铁路，更没有机场，距离其所属的佳木斯市7个小时车程，到哈尔滨则需要乘坐12个小时的汽车。1993年，随着抚远口岸开关，这里的客货港口却是一片繁忙。抚远港是黑龙江江海联运的始发港，离俄罗斯远东最大的城市——哈巴罗夫斯克的水路距离仅65公里，高速水翼艇1小时就可到达。每年5月~10月，全国各地的蔬菜、水果在抚远港不断装船发往俄罗斯哈巴罗夫斯克，每天则有上千名中外游客乘高速客船来往于抚远与哈巴罗夫斯克之间。

负责保障这里船舶航行安全的抚远海事处只有五个人，平均年龄50多岁，30出头的毛龙在这里是最年轻的。

“抚远口岸货运以出口水果和蔬菜为主，新鲜才能卖上好价钱，为能最短时间运到俄罗斯，海事处实行24小时工作制，随时装完，随时验放。几乎每天凌晨1点，我们都要验放货船。而到了凌晨4点多，就要起床迎接客运船舶，因为时差关系，最早的客船早上5点多便要到港。人少活多，五个人几乎连轴转。在整个通航期我们都没有节假日，吃住都在海事处。”曾担任抚远海事处处长的赵德斌说起抚远海事处工作的辛苦连连摇头：“吃得最多的就是面条，五个人的海事处没有食堂，更没有厨师，清一色男子汉，全是执法人员，大家干完工作再做饭，当然选择最简单的面条。”

和毛龙共事两年多的赵德斌并不知道毛龙复员时的愿望，因为他从没有听到过毛龙抱怨。

平时不善言谈的毛龙工作时却让赵德斌暗自称奇。“一次深夜，一艘超载的货船申请出港。先是金钱利诱，后又出言威胁的货主最终被毛龙说服，心悦诚服地卸载超重货物，调整货物位置后起航。”赵德斌说，毛龙既能坚持原则，又能方方面面兼顾到，做通工作，让大家都满意。

在家人看来，现在的毛龙和在部队时没有区别，都是“日日思君不见君”。毛龙只能把对家人的愧疚藏在心里。4岁的女儿生病时，他要护送哈尔滨电机厂生产的400多吨电子设备出港，把写好的请假条又塞回衣兜；体弱多病的爱人发牢骚时也只能得到他电话中的安慰……

刚进入10月底，抚远夜里的气温就达到零下10度，寒冷的气候使海事处五个人都患上了风湿性关节炎，年轻的毛龙也不例外。

在赵德斌看来，毛龙和其他年轻人不一样，他能吃苦，而且工作从来不讲条件，分配给他的工作，无论费多少周折，他都能干好。多年来，他查验的出口船舶从未发生一起安全事故。

（任晶惠）

中国海事
CHINA MSA

故事 有些单调
单调 是对自己的历练
故事 有些年轻
年轻 是一种风景
故事 总是很含蓄
含蓄 是一种魅力
故事 感觉踏实
踏实 让生命更有意义

孙泽宏

爱，在基层

巴东和归州，长江中游的两座小城，宜昌海事局辖区。三峡库区建成蓄水后，这里已是“半城江水半城墟”，两个海事处周围的崇山峻岭告诉人们，渡船才是这里的主要交通工具。

从武汉返回宜昌途中，一位青年人在长途车上恋恋不舍地盯着熟悉的武汉江滩，他想把武汉的一人一景一物装进行囊中带走，想起离家时父母心疼的拥别，他心中泛起丝丝酸楚，“我这是图什么呢？”他也很多次这样问自己。

他叫孙泽宏，今年31岁，参加工作11年来一直扎根在基层一线，而在巴东和归州的那7年则成为他青春岁月中浓墨重彩的一笔。

刚开始工作，他慢慢开始熟悉了基层海事业务，对于他而言这是在完成工作任务，也是在养家糊口。

但随后经历的一起事故彻底改变了他的看法——

2002年10月21日夜晚，青竹标水域沉没的客船“万州号”一幕永远刻在了他的脑海里。就像电影中的“泰坦尼克号”一样，一艘巨大的客船就这样在他眼前迅速地沉入水中，只剩烟囱上的红色五角星依稀露出水面。那一夜，巴东全城是个不眠夜，马路上到处是闪烁着不同灯光的消防车、救护车和警车……

船上旅客和船员生死瞬间的震撼直逼孙泽宏心灵深处，他忽然意识到了自己的责任和使命，海事对于他而言也从工作升华为事业。随后，业务什么时候能“上路子”成为他最迫切想要解决的问题，他也很快被调到了新成立的归州监督站，而这里除了一名站长和两名副站长，就只有他这么一个监督员。

就这样吃住都在船上的生活，他上15天班休10天，大多数节假日他选择了留守值班。慢慢地，他的工作态度和能力得到了大家的认可，在2005年长江海事水监体制改革中，他报名竞争了所在归州海事处下面的泄滩执法大队大队长一职并顺利胜出。

在这样的海事处工作，维护学生渡成了他每天的必修课。有一年的夏天，“秭渡25号”打算从泄滩开往牛河，船上有20多名放学回家的学生。接到学校“学生渡”报告后，他按计划带领海巡艇赶到现场开道护航，但渡船刚从河汉里上行几百米就紧急呼叫了海巡艇——

“海巡31511，海巡31511！”

“请讲！”

“我‘秭渡25号’主机熄火，你们赶紧过来帮忙！”

库区正在蓄水，船锚在这里已无用武之地，这时主机熄火就意味着渡船失去了控制，尽管渡工老周已在这长江里摸打滚爬了三四十年，但这渡船他也是刚接手不久，除了向海巡艇求救，他也是束手无策。

然而，渡船失控孙泽宏也是第一次遇到，他一下子也慌了，茫然、紧张、害怕、心里没底、千万别出事……这些念头很快在他脑海中闪过，来不及多想，他果断对艇上船长说：“张老板，赶紧掉头！”

海巡艇很快追上失控渡船并调整好航向，随着两船距离越来越近，孙泽宏迅速将船头缆绳甩到渡船上，两船并靠后，他们赶忙将孩子们接到海巡艇上，并将渡船推到岸边坡上固定住。

解开缆绳后，海巡艇便成了孩子们的渡船。看到接孩子的家长们，孙泽宏跟他们打招呼：“今天那个渡船坏了，我们就把他送过来了。”

他们笑着说：“把你们搞辛苦了嘛！”虽然没有“谢”字，但他的心里反而觉得更加踏实。

随后，他调到郭家坝执法大队任大队长，在这里他却遇到了一个不小的挫折。2007年底，组织上开始考虑解决大队长的级别待遇问题，但在20人的投票环节，他和另一位副大队长各得10票，都没有获得半数以上选票，他也成了宜昌局唯一一个没有拿到副科级的大队长。这对他犹如当头棒喝，从失望、不理解、想不通到思考为什么，他开始反思并改进自己的不足。随后，宜昌局将他调至港区海事处，在奥运安保、世博安保等重大任务中，他也在云石执法大队大队长岗位上，用汗水书写了无悔的青春，为保障重大政治活动期间三峡大坝和葛洲坝的安全畅通作出了自己应有的贡献。

采访者说：Hold住青春

“巫山巫峡长，垂柳复垂杨。同心且同折，故人怀故乡。山似莲花艳，流如明月光。寒夜猿声彻，游子泪沾裳。”采访孙泽宏的时候，梁元帝的这首《折杨柳》竟不自觉飘到我的思绪中。

回首过去的十年，海事系统不断在改革中谋发展，因为独特的管理机制，长江海事系统的改革或许更为频繁和显著。在一次次的改革浪潮中，作为海事青年，得失也好，顺逆也罢，谁都身处其中，也有切身感受。孙泽宏的选择是调整心态积极面对。他没有谋求调离基层，也没有在基层沉沦平庸下去，遇到挫折，他没有怨天尤人，把自己当成是全世界最不幸的人，作为“故人怀故乡”之人还婉拒了回武汉工作的好意，这都需要他Hold住自己的青春，把握住自己的人生。

或许，有时候，我们无法选择环境，但可以选择做什么样的自己。

（李欢乐）

奚家月

在儿子眼里，他是个大英雄；
在妻子眼里，他是个大忙人；
在父母亲眼里，他是个“争气”的人；
在处里的弟兄们眼里，他是个“撑腰”的人。

128084

一人.俩家

忙碌了一周，终于可以歇歇了。老婆孩子团坐在一块，这是他的家。

大年三十除夕夜，江面上的小巡逻艇里，值班的兄弟们围在一起，这是他的家。

他的家，在“黄梅之乡”安庆这座小城里；他的家，也在远离几十公里的长江海事局安庆东流海事处。他是三口之家的顶梁柱，他也是几十个兄弟的定心丸。这个一人兼顾俩家的大忙人，又偏偏有个巧得很的名字，将家放在了中间，他的名字就叫做奚家月。

儿子7个月时，他来到了东流海事处担任党委书记。孩子小，老人不在身边，说句心里话，他真的有点打退堂鼓。“去吧去吧！干你们海事这行就是这样，人都是在外面，大不了以后我自己做顶梁柱吧！”妻子虽然比他小了6岁，却总能在关键时刻向前推他一把。

自从到了东流海事处，奚家月的大部分时间都耗在了海事处的家里。为治理长江干线砂石船超载运输、最低安全配员不足等安全“顽疾”，他跟弟兄们白天正常工作，晚上就驾驶海巡艇突击检查一艘艘集中闯关的超载运输黄砂船。碰上软磨硬缠拒不提供证书的，轮流上阵，费尽口舌劝晓利害；碰上对抗执法的，不卑不亢，运用法律武器毫不退缩；碰上狼狗，相互提醒化解风险；遇到自残抗法的，尽力制止并耐心劝导，直至对方口服心服……

在海事处的家里时间多了，跟老婆孩子团聚的时间自然少了。儿子第一次打点滴，妻子半夜里独自抱着孩子从开发区赶到市内的医院，他不在身边；儿子不小心被70多岁的老母亲锁到家里，妻子从隔壁二楼跳到自家阳台上才进了家门，他也不在身边；正月初六，说好要给刚去世的老岳父上坟烧纸，单位突然来了紧急任务，他还不在身边。奚家月说，他取得了今天的小小成绩，最要感谢的是他的妻子。几年来，无论家里大大小小发生了什么事，妻子从来没在晚上给奚家月打过一次电话，因为她知道，丈夫不是属于她自己的，还有更重要的事情等着他，就别给他添麻烦了。

奚家月是这样解释他的两个家的。“我是基层海事处的负责人，干什么吆喝什么，就得带着大伙儿一起干；我命好，得感谢家人的支持和理解，爱人自结婚后都是围着我转，只能让她多分担一些了！”多数的节假日，他都将与亲人团聚的机会让给同事，自己留守海事处值班。2010年春节，大雪纷飞，为保障春节期间客渡船安全，他又选择了留下值班。除夕那晚，妻子带着儿子来单位陪他和同事们一起过年，他们就在江边的小巡逻艇里一起吃了顿特殊的年夜饭。年初一的早晨，积雪实在太厚了，连在巡逻艇里吃饭都是奢望，一家三口就只好在宿舍里吃了顿“方便面大餐”，就这样开启了2010新年的第一顿早餐。

奚家月对他的两个家相当满足，“凡事莫强求，尽心而做。工作起来就没什么烦恼了，就算有了小烦恼几分钟也就过去了！现在的生活就是我需要的生活，工作和家庭都很知足！”。在谈及现状和展望未来的时候，奚家月表现得有点“超凡脱俗”，他并没有过多地展望他的仕途前景，也没有提出任何的想法和要求，他反复表达的中心意思只有一个，就是知足、满意和幸福。

在年幼的儿子眼里，奚家月是个大英雄，是个专门“救人”的；在承担家庭重担的妻子眼里，奚家月是个大忙人，是个“有事业”的；在年迈的父母亲眼里，奚家月是个出息人，是个“争气”的；在处里的弟兄们眼里，奚家月是个能耐人，是个“撑腰”的。这个男人，游刃有余地完成着各类角色转化，以男人的胸襟和臂膀照顾着他的两个家。我们作为旁观者，由衷地希望这个男人的两个家都好，那就祝他家和万事兴吧！

采访者说：“做到”就好

在对奚家月采访的过程中，他的一句话给我留下了深刻的印象。他说最怕晚上的两个电话，在家里怕单位的电话，在单位怕家里的电话。因为他知道，电话响了，意味着电话的那头出事了。

为人憨厚的奚家月得到了周围人的“偏爱”，妻子和处里的同事们都知道他承受着很大的压力，没有要紧事绝不会打电话惊扰他。他在向我讲述的时候，嘴角微微上翘，眼睛也眯了起来，这是众人对他的肯定，对他的关心和爱护，发自内心对他的好，也是他的骄傲和自豪。

于是我在想，什么人能幸运地拥有这么多人的爱？眼前的男人老实、本分，看起来要比实际年龄还大一些，再普通不过，他做的工作也是我们海事人习以为常的工作。他凭什么能过得幸福？我想大概是源于他的“做到”吧！在工作岗位上做到了，在家庭生活中也做到了，尽管不能常陪妻儿，但他心里总是念着她们。人家感受到了他的好，自然也会对他好。

由衷地为这个“做到”的男人鼓掌！

（杨姣姣）

成山头交通管理中心
的年轻人

青春奉献蔚蓝
责任铸就平安

在一个小镇上，路人问三个石匠在做什么。第一个石匠说："我每天都枯燥地搬石头砌墙。"第二个石匠说："我的工作很重要，我要把墙垒好，这样房子才结实。"第三个石匠则目光炯炯地说："我的责任十分重大，这是镇上的第一所教堂，我要将它建成百年的标志。"指挥中心的这群小伙子就像第三个石匠那样，用他们的"青春奉献蔚蓝、责任铸就平安"的誓言回答了"事业与工作"的选择，并建设着属于自己的青春标志。

GUANG YUE
YUN LAI 8
HONG CHANG
CHANG AN XIANG
QING DAO SHI
CHANG RONG
BOHAI100
HONG ZHOU 68
CHANG ZHI
HAO JIN 1
中国海事

青春奉献蔚蓝　责任铸就平安

年轻是什么？有人说，年轻是潇洒，可以无所顾忌的挥洒青春；有人说，年轻是幼稚，总是用很不成熟的心态去看待这个世界；有人说，年轻是早上的太阳，让人看到生命的跳动，生活的绚丽……

一群初出茅庐的青年人进入了海事局，充满理想，心怀激情，摩拳擦掌准备大干一场。他们被安排到了指挥中心，接下来的工作就是持续的监控、不停的通话，一坐下就是几个小时。单调、枯燥、累，成了生活的主旋律，他们失去了每天睡到自然醒的慵懒，失去了周末和节假日，连年休假都要提前一个多月开始计划、排班，而更多是根本没有年休假。长期缺乏睡眠和黑白颠倒的生活让他们似乎不再年轻，没有了青春的朝气与活力，剩下的就是倦怠，他们开始思考“工作到底为了什么？”

指挥中心的主任尹磊看着这群小伙子，心里当然是着急，一对一谈心、面对面座谈，他总是说：“从工作中获得快乐、成功以及满足感的秘诀，并不在于专挑自己喜欢的事情做，而在于发自内心地喜欢、认同自己所做的工作”。是啊，当一个鲜活的生命因为我们的力量而被救起，那就是维护了一个完整的家庭；当一艘船舶因为我们的力量而免遭碰撞，那就是保持了一个航运公司的正常运转；当价值数千亿的货物安全畅通的经过我们监控的海域，那就是保持这条经济的命脉，而小伙子们实现的是自身的价值，留下的是青春难以磨灭的印记。

随着时间的流逝，他们慢慢用行动告诉我们什么是青春的价值。艰巨的责任与青春的脸庞、崇高的使命与平凡的工作，看似矛盾却让他们演绎得如此精彩，他们就像传说中的“千里眼”、“顺风耳”，监控着近5800平方公里的海上船舶动态，指挥台前他们运筹帷幄，同时与上百艘船舶保持实时联系，每艘船只的一举一动尽在掌控之中；每年监控13万艘次船舶，30余万艘次渔船安全航行在这片水域，平均每年处置各类险情60余起，救助遇险人员300余人，救助各类船舶50余艘，挽回经济损失上亿元，“有成山头VTS，我放心”常年行驶在这片水域的船员们如是说。

“青春奉献蔚蓝、责任铸就平安”让这群年轻人紧紧凝聚在一起，也让他们在自己的岗位上践行着“为全面履职而行动”的号召，中心小伙儿曲顺通在人手少任务重的情况下，值完夜班后坚持工作，4天3夜休息10个小时，完成了VTS中心40多项基础数据的整理分析工作，为领导决策提供丰富翔实的资料；刘运江扎实钻研海事调查业务，在最短的时间里，用严谨、完整的调查报告对肇事外轮进行依法处理，让外轮船长瞠目结舌；张俊校8小时准确接受船舶动态报告380艘次，提供优质信息服务127条，在妻子待产时仍坚守值班岗位，直至平安诞下孩子的那一刻才赶到家人身边，这样的例子在中心比比皆是，搜救明星肖丰磊、技术尖兵王伟、责任大过天的刘光福……没有豪言壮语，只为守护平安，这就是这群年轻人的态度。

（江婷）

威海海事局船舶交通管理中心的29名值班员利用值班轮休的业余时间，计划用3年走遍辖区的986公里的海岸线的142个渔港码头，帮助1.3万艘渔船的船员了解商船航行线路，避免船舶碰撞。图为值班员在完成学雷锋志愿活动后，从渔港码头归来。

早上八点，打开窗户，迎接一室的阳光，迎接可能的风雨，迎接未知的改变。站直的身体，微笑的容颜，即使在最黑暗的探索里，都是那根挺直的脊梁……

选择了海事，选定了人生的路，再苦再难，要风雨兼程。
我把理想，融入到海洋，沉浸于海事，爱的花朵因你绽放。
与中国海事旗舰相伴，是我的骄傲，我在幸福中微笑，生活从此精彩。

生活从此而精彩

“海巡31”船船长刘天军

准备出发与在路上

未曾谋面，就有几个人跟我提起，对于广东海事局“海巡31”船船长刘天军而言，生活的状态只有两种：准备出发和在路上。因为他的世界几乎被工作填满。2011年的11月下旬，我抵达了珠海，在广东海事局高栏港海巡基地，见到了准备出发的刘天军。

与刘天军的一席谈，绕不开的话题就是他的船。作为我国海事系统第一艘3000吨级海事监管船，“海巡31”之于中国海事意义重大，她标志着中国海事监管从港口迈向了海洋。“2004年，海事局为‘海巡31’招录海员，我就考进来了，没想到这一干就是7年多。”

刘天军说，他和“海巡31”的缘分是早就注定了的，当“海巡31”船还是设计图纸时，他就开始与之为伴。因为参与的早，所以“海巡31”上小到每个细节都在刘天军的脑子里。“这些年，我和我的兄弟驾驶着‘海巡31’共同迎接挑战、共同抢险救人，共同维护国家主权，捆绑在一起的记忆实在太多太多，发生在路上的故事，酸甜苦辣咸，五味俱全。”

2007年4月，在珠江口以外的毗邻区海域，“海巡31”船发现两艘外籍船舶正在非法过驳原油，不仅有走私原油的嫌疑，而且侵犯了我国的海洋主权，还可能污染我国的海洋环境。但是在这个海域进行海事监管没有先例，并且是外籍船舶，又比较敏感。“以前跑船，每当航经我国毗连区、专属经济区的时候，总能看到少数外籍船舶违规抛锚、非法过驳、污染海洋，那时我就期盼着有一天国家能对海上进行全面监管。”刘天军回忆说，当中国海事有能力了，这种情况必须得管。当时，大家通过“海巡31”船上的摄像、录像及光电跟踪等设备，记录了外籍船舶非法过驳作业的情况，并进行了登轮检查，取得了外籍船舶过驳原油83100吨的有效证据，避免了我国海洋环境的污染，还为国家挽回了300多万元经济损失。

有些记忆是欣慰的，但也有一些记忆欣慰过后也有些酸涩。2010年12月，出差在外的刘天军刚返回广州，还在机场就接到了“海巡31”船奔赴巴士海峡搜救24名落水船员的命令。任务紧急，他立即赶往珠海，一边驾驶“海巡31”船以最大航速连夜赶赴巴士海峡，一边作搜救方案。当时，巴士海峡海况恶劣，海风八级，浪高5米，全体船员一边呕吐，一边搜救，有的船员在长达8天的搜救时间里，只吃了两餐饭。刘天军趴在驾驶台，一边呕吐，一边指挥搜救，克服了重重困难，搜寻了近5000平方海里的海域，成功救起14名落水船员。“航海是高风险的行业，很多事情都很难预料。二三十万吨的船，几分钟就会断裂沉没。很多时候等我们赶到时，现场已一片狼籍，惨不忍睹。”刘天军说，这个时候总会感觉生命的脆弱和渺小，总会为无力回天而遗憾。

一旁的老轨刘光辉插话说，酸涩的记忆还有很多，比如对于家和家人的愧疚。刘光辉说，这些年，“海巡31”就是刘天军和他们这一班人的另一个家。在这个家里的时间不知道比待在陆地上那个家里的时间多多少倍。“海巡31”船出海执行任务每年多达180多天，每逢春节、五一、国庆等节假日，都要在珠江口、台湾海峡、琼州海峡等重要水域值守。这些年，刘天军几乎没有休息过一个完整的节日，就连平时的周末，他也经常要执行任务。

即便如此，在刘天军的心里，与“海巡31”相伴的这7年，依然是他人生里程中最精彩的华章，他说与中国海事具有旗舰意义的海巡船相伴，是他毕生的骄傲。虽然亏欠，虽然遗憾，但“海巡31”，中国海事，是他自己的选择。

采访者说：这一次，不一样

因为工作的关系，接触了不少的船长，但我知道，这一次不一样。作为“海巡31”自主培养出来的第一位船长，刘天军具有标杆式的价值。于是，我更渴望，看到一个最真实的人，他有苦有泪，有脆弱有坚强，有自豪有愧疚，当然，也有光荣有梦想。

11月的珠海风平浪静，夜深人静的时候，从高栏港基地的宿舍楼望下去，漆黑的海上星星点点的亮光，离窗户最近的那点光亮让我的内心格外安宁。那是“海巡31”和刘天军带领的一帮兄弟，驻守在那里，随时准备着出发。

（陈桂娟）

张宇

从学校走入单位，身份的变换也是人生的转折，青春承载着前所未有之重，也绽放着前所未有之光彩。我们不仅是为了生活而奔波，在海事这个名字中还有让我们闪耀的一份事业，他诱发出我们心底的那份激情，抚平我们锋利的棱角，不要由于挫折我们就低沉了，而是因为成熟我们才更加奋发向上。

宇哥，不是一个传说

“是该写写宇哥。”听说要去采访曹妃甸海事处张宇，同行的采访组成员冯立侠兴奋地说。冯立侠来自曹妃甸海事处，这是我第一次听到“宇哥”这个称谓。

在曹妃甸海事处采访，几乎没有人称呼张宇的职务，尽管他刚刚从西港办事处副主任升职为曹妃甸海事处党工部主任。不管是新来的大学生，还是40多岁的老职工，都称呼28岁的张宇为“宇哥”，语气中满是信赖与尊重。

见到张宇，看上去是一位极为普通的小伙子，长相和言谈举止都不引人注目。为什么年仅28岁的他能成为这里的“偶像”？要知道，现在的年轻人可不会轻易崇拜别人。我决定一探究竟。

高自爽的解答

“只要是宇哥说的话，我从不怀疑。”这是高自爽提起张宇后的第一句话。

“为什么？”

“因为他是宇哥，从不说假话。”高自爽回答得迅速而简单。

“海岛上的生活太枯燥、太艰苦，可宇哥每天都是乐呵呵的。我曾经问他，有没有后悔来这里，他说，刚来时也后悔过，心里落差很大，不过习惯了，就好了。”高自爽说，即便面对一个刚毕业的新人，宇哥都以诚相待。

“宇哥2005年就来到这里，那时曹妃甸海事处刚刚设立，住的是铁皮房，断水断电是家常便饭。为了在最短的时间内将辖区通航船舶统计完毕，宇哥常常在签证电脑边一坐就是一天，每次去超市，他都会买很多饼干、方便面，饿了就咬上几口。”这些故事也都是高自爽听说的，但细枝末节，她都记得清清楚楚。

“宇哥还创造了的连续15天VTS值班记录，至今仍未被打破。”高自爽说，听说那时候人手特别紧张，宇哥就把洗漱用品都拿到值班室，连轴值班15天，等到换班时，胡子都长了老长，像个野人。”说起这些，高自爽咯咯得乐起来。

“宇哥每件事都认真对待，我觉得这是最难得的。”高自爽认真地说，一个人做一件大事或许容易，但要做好每一个小事确实很难。像宇哥这样，在自己的岗位上踏踏实实做好每一件小事，不容易。

田浩的解答

“宇哥业务能力超强。“田浩说，我们这帮年轻人在业务方面有了难题，最先想到的求解对象就是宇哥。不管是船舶签证还是现场监管，不管是PSC检查还是污染事件处理，找到他，就等于找到了答案。

田浩和张宇一起在西港办事处共事了好几年，他对张宇工作中新点子津津乐道。“我们服宇哥，不是因为他威严、强势，而总是被他的新思路折服。”说起这些，田浩很严肃。

“曹妃甸水域施工船舶众多，而且船舶状况参差不齐，内河船舶和‘三无’船舶混杂其中。宇哥提出对船舶实施挂牌管理的想法。这个办法很好用，不仅‘三无’船逃之夭夭，而且各个施工单位都开始严管船舶安全。”田浩说，后来，宇哥又制定了“海事处日常执法督察制度”和“海事执法人员督察制度”，建立各业务部门及其执法人员的督察档案，建立了海事处内部的执法督察体系，并提出制作处罚文书模板并推广使用，全面提升执法水平，避免了船舶因受到处罚造成的在港长时间停留。

统计资料显示，在遭遇冰封寒潮的2010年，张宇带领西港办事处成功监管电煤运输船舶4000余艘次，安全输出电煤4064万吨，未发生任何安全责任事故，未出现一艘压港船舶。

刘颖的解答

在西港办事处，无论是多小的事，只要我们需要，宇哥都积极去做。所以我们从没感觉他是领导，而是家里的大哥。”刘颖说，无论开心、难过，还是有困惑，我们都愿意跟宇哥讲，这是西港办事处的‘潜规则’。”

“你可别以为宇哥处处照顾我们。在工作上，他可是说一不二。”刘颖说，他交代了工作什么时候做完，就必须什么时候做完。我们工作从不敢拖拉。否则，宇哥很生气，后果很严重。

有一说一

曹妃甸海事处35岁以下的职工77名，占75%。在曹妃甸，这个只有一条通岛路与外界联系、买生活日用品都需要坐1个多小时汽车的孤岛上，这群年轻人快乐地驻守海上平安。曾经不明白，为什么他们能如此快乐。

现在才知道其中奥妙。

听说，除了宇哥，曹妃甸海事处还有“岩哥”、“志哥”……。

宇哥们，不是一个传说，他们不够惊天动地，不够引人注目，他们如一粒石子、一根钢材，默默地驻守海上平安；宇哥们，不是一个传说，他们是平凡的、真实的，几乎每个人努力都可以做到的，所以，我觉得，他们的影响力会比令人敬仰的伟大英雄的影响力更加巨大和持久。

（任晶惠）

人生必须有远大目标，

但一定要脚踏实地。

参加工作这么多年，我力争做好每一件事，
从开始学习制图、独立制图、成为质检，
到现在成为科室负责人，我不断积累经验，
发现只有脚踏实地的把眼前的事做好，
才有可能朝着你的目标更接近。
如果只是空谈理想，
那理想就永远只是空中楼阁。

陈贵花

有一朵花，常开不败

自然界，所有的花都会凋谢。但在广东海事局海测大队，有一朵花，常开不败。

一走进广东海事局海测大队科技信息科，看到的便是这样一幅场景：十几个工作人员分两排对面而坐，专注地盯着电脑屏幕，手指在键盘上飞快地敲击。在IT的虚拟世界里，每个人都像是冲锋陷阵的战士，而站在他们身后指挥的便是陈贵花。

陈贵花，一个典型的江南女子，秀气、文弱，笑起来嘴角会有浅浅的酒窝。因为名字里有个“花”字，广东海事局海测大队上上下下都习惯喊她“花队”。大家说，这个称呼的背后是陈贵花15年制图队生活的缩影，见证着她在一次又一次的考验中历练、成长、涅磐……

1996年，陈贵花从武汉测绘科技大学毕业，来到海测大队从事制图工作。俗话说“大海航行靠舵手，船舶安全看海图”。可是却很少有人知道，这一幅幅海图是怎么制成的。“花队”从事的便是这样一份描绘大海的工作，每天面对单调的数字和线条，重复重复再重复，枯燥而无味。但这又是一份份沉甸甸的责任，哪怕一个数字、一个符号在海图上的丝毫偏差，都有可能导致难以想象的灾难。

至今制图队的姑娘们讲起2002年那场没有硝烟的攻坚战，依然津津乐道。当时正逢新研发的制图软件处在不稳定的试运行阶段，制图队却接到了在十天内制作三幅《珠江口水域船舶交通航路图》的紧急任务。40671个地理要素、28595千字节的数据量如何在短时间内全部编绘处理完成？面对这个几乎不可能完成的任务，“花队”心中有数，她运筹帷幄、合理分工，大家各司其职、加班加点，终于如期完工。然而当“花队”风尘仆仆赶赴上海付印时，却傻眼了——粗线变成了细线，实线变成了虚线，许多标志消失了！凭着多年的制图经验，她抽丝剥茧找到了根本原因：软件不兼容。回广州改图？没有时间耽搁了！她咬咬牙，决心现场改，修改，复核，再修改，再复核，与时间赛跑，与疲倦抗争。等海图正式批量印刷的时候，她已经工作了整整36个小时。

这幅火线上诞生的《珠江口水域船舶交通航路图》一经出版，当月就发行近3万张，创下了当时单幅海图最好的销售记录。此外，该图还被送往南非第21届国际制图大会IHO海图展览会，作为中国海事局的唯一参展资料，向全世界展示了中国的海图制作水平。

多年来，“花队”最常挂在嘴边的一句话是：“不出错就是不简单”。她带领她的团队，连续八年保持做到“当年测量、当年出图”，海图优良率始终做到100%。

2010年，随着亚运会的脚步愈来愈临近，如何将三维立体及仿真动画的技术引进海图制作，使得静态的海图“立”起来、“动”起来是陈贵花和她的团队面临的新难题。没有现成的经验借鉴就自己摸索，“花队”带领大家学习三维设计、动画技术，练习操作新的制图软件系统和硬件设备，为亚运开幕巡游“量身订做”了包括船舶航行及靠泊指引仿真、珠江两岸三维模型及360度全景图、遥感影像专题图等7种不同种类、形象生动的“2010年亚运会专用示意图”，为亚运、亚残水域特别是开、闭幕式水上船舶的航行安全提供了重要保障。

2011年，陈贵花离开了工作了15年的制图队，调到科技信息科担任主任。面对完全陌生的岗位，“花队”第一次心里没了底，但是很快她就释然了，面对一个全新的舞台，她决定迎接挑战，重新出发……

采访者说：有一种大气，叫从容

相对于外表的“柔”，她的里子无疑是“硬”的。一开口说话，那份从容和自信便满满地流淌。

用她自己的话说，“这么多年，什么样的风浪都见识过了。”因而面对每一个挑战，她总能微笑应对。我想，这份成竹在胸的自信来源于十五年如一日的坚持，更是在日积月累中积淀出的从容与大气。

（成瑛）

Refresh your life..

保持饥饿 保持愚蠢

许岩松

哈佛大学的校训说："与柏拉图为友，与亚里士多德为友，更要与真理为友"；孔子也曾说过："当仁不让于师"。两句话的核心意思都在说，当真理或仁义与权威发生冲突时，要让自己的心永远站在真理或仁义一边。中国海事要发展，要在国际上取得相应的地位，就必须要有不断探索，不断质疑的海事人。

——许岩松

中国海事
CHINA MSA
094137

保持饥饿 保持“愚蠢”

不知道是不是叫岩松的人都是如此，细腻、冷静，善于观察，勤于思考，喜欢质疑，渴望触摸真相。譬如中央电视台著名主持人白岩松，譬如珠海海事局高级海事调查官许岩松。

尽管32岁就成为我国第一批高级海事调查官，拥有多年海事调查的实战经验，但许岩松并不喜欢被称为专家，“海事调查专家应该具有广泛的专业知识，应该具有敏锐的国际眼光，应该有自己的声音在国际海事界回响。而成为这样的专家是我毕生的海事专业梦想。”

许岩松说，实现梦想的路上铺满的是质疑。做好海事调查工作，只有不断地提问，不断质疑，才能打通未知世界的道路，才能有所进步。虽然质疑后，有时会觉得迷茫，但自己在翻阅资料，利用已有的知识推理，或是请教他人，把这个问题解决之后，会觉得豁然开朗，自己不知不觉中又往前迈进一步。

正是这种不断质疑，客观公正，努力寻找真相的精神，使得许岩松的海事调查工作得到了业界同行甚至是“对手”的认同。

2009年9月15日，受台风“巨爵”袭击，巴拿马籍集装箱船“圣狄”轮在珠海高栏港搁浅，发生燃油泄漏，成为珠海近年来最大的油污染事故。溢油污染索赔工作，是一场多方智慧的较量，需要索赔人员熟悉相关公约和丰富的海事调查经验。事故发生后，在外出差的许岩松连夜从上海赶回工作岗位，肩负起事故调查的重任。许岩松带领着事故调查组，克服海上风浪大的困难，第一时间赶到“圣狄”轮收集相关证据，对肇事船员进行询问，以雄辩的事实证明本次事故是人为因素造成的，而不是所谓的“不可抗力”，船东不可以因台风而免责。调查取证工作让船东心服口服，索赔得以顺利进行。

细心的同事仔细数了这几年许岩松的调查足迹：2007年参加6·15船撞九江大桥事故调查，2008年参加香港高速客船“金星”轮和“天皇星”轮的调查，2009年参加了9·15“圣狄”轮搁浅事故调查，2010年参加1·19汕头水域重大碰撞致12人失踪事故调查……这几年，但凡是有大的事故发生，基本都会看到许岩松的身影。最快的找到真相，客观公正的还原事故缘由，成为许岩松实现专业梦想的路上不断的上演。

许岩松说，他最喜欢乔布斯的那句话：STAY HUNGURY，STAY FOOLISH。“用最直白的话翻译，就是保持饥饿，保持愚蠢。我用乔布斯这句话来激励自己，谁都不可能做到完美，饥饿和愚蠢感的存在会随时为我们敲响警钟，让我们更加努力，而不断的努力会让我们越发接近完美。”

采访者说：完美主义者

按照常理来分析，做高级海事调查官已有6年，成功处理过不知多少大大小小的案件，许岩松应该足以当得起专家这个称谓。可是他说，他还不是专家，起码不是他自己标准下的专家。因为，他所说的专家应该是理想中的那个完美。

或者，正是这种完美主义情结决定了许岩松的自我要求、评价标准都比正常标准来得更为高，更为严苛，也决定了他在海事调查过程中“不可以按经验办事”。他说，真相是一对一的，要把每次调查都当做满足饥饿感、减少愚蠢的一次历练，这样才能无限接近自己的目标。

（陈桂娟）

不去想是否能成功，
既然选择了远方，
便只顾风雨兼程。

"国家队队员"

沈忠平

“国家队队员”沈忠平

在宁波海事局督察处，沈忠平有个“国家队队员”的外号，别看他外表忠厚老实，但干起活来胆大心细，这些年接连处理了不少海事事故的大案、要案，更代表部海事局走出国门，以“国家队”的身份协查跨国海事纠纷，是系统内响当当的事故调查能手。

2004年7月，一条干货船在宁波近海沉没，8名船员失踪，3名获救船员声称他们乘坐的“下雪”号是被一条大船撞沉，然而，事发当日海事局却未收到任何船只的报告。沈忠平立刻意识到这是一起严重的海上肇事逃逸事件。

处理恶性逃逸事故，关键是速度，要在肇事船靠泊毁灭证据前，先一步调查取证。“先让指挥中心回放一下当天的VTS回波信号，看能不能找出撞船地点。”沈忠平一边赶去见获救船员，一边梳理思路。

可是从指挥中心传来的消息很快令他们失望了，当天根本没有“下雪”号的回波信号，沈忠平没有气馁，在与获救船员的沟通中发现，这些船员的乡音浓重，“会不会是把船名搞错了？”一个大大的问号在他脑子里形成。果然，先前在电话里说的“下雪”其实是“华雪”。

由于当时技术条件的限制，VTS雷达的覆盖范围是20海里，当天“华雪”号恰好在离岸线20海里的地方行驶，因此回波信号时隐时现，沈忠平与技术人员好不容易才确定了“华雪”号的回波信号，并初步判定了事发地点。掌握了时间、地点，几条嫌疑船进入了沈忠平的视线。

此时距离事发当日已经过去数日，其中，一条名为“盖比”的外籍集装箱船已经从宁波行驶到台州，即将离开浙江海域。时间紧迫，手上又没有充分的证据。该不该让这条外籍船停航接受协查？在责任与风险面前，沈忠平果断地承担起了前者。

赶到台州时夜色已深，顾不上休息的沈忠平又马不停蹄地登上巡逻艇前往锚地。“毕竟心里没底，万一搞错了影响船期他们要告我怎么办”，在探照灯的帮助下，“盖比”轮两处明显的新擦痕一下让沈忠平心里有了底。

次日，拍照、取证、登船。又一个难题在等着沈忠平，由于事发多日，船长、当班的驾驶员三副、当班舵工的水手明显已经串通起来，准备好了一份说辞来应对调查，见惯了这种场面的沈忠平采取了各个击破的策略，他决定从责任最轻的水手开始，“我们详细地询问了水手当天从三副那里接到的所有舵令，暗示他主要责任在于驾驶员，然后再问他当天的所见所闻”。水手很快承认，当时右舷见过一盏白灯，掌握了这一有利证据，船长也只得承认当时感受到了碰撞。至此，“盖比”轮的肇事责任已经十分清晰，失踪船员的赔偿也得到了圆满解决。

MARITIME SAFETY ADMINISTRATION OF THE PEOPLE'S REPUBLIC OF CHINA

翻开沈忠平的履历 从1997年至今，他始终在海事事故调查领域钻研，尤其是侦破了不少棘手的逃逸事件，更令他的传奇色彩大增，也为他走出国门埋下了伏笔。

2008年11月，广州救助局“穗救201”轮在印度沿海被扣留，印方怀疑该船在印度肇事致一名渔民失踪后逃逸。交通运输部决定首次派出海事调查官协查该案件，经验丰富的沈忠平成为了不二人选。

抵达印度后，沈忠平发现印度海事发展较为落后，海巡艇行驶到锚地都有困难，印方又不肯将中方船员一起接来调查，只能逐一上岸，但留给他完成任务的时间只有8天，眼看就要被一直困在宾馆里，沈忠平一面配合印方询问中方船员，一面与国内取得联系，通过香港的地面站获取了“穗救201”行驶的卫星记录，证据直指中方船只与印方渔船没有发生碰撞的可能，有力地维护了我国的合法权益。

沈忠平觉得，事故调查还是为了保障通航，避免事故才是目的所在。或许是浙江海事调查事故真相的威名远播，在2010年的IMO大会上，国际海事组织向全球船舶发布了一则在浙江沿海行驶时需要警惕“商渔碰撞”的信息通报，写入大会记录，这封信息就出自沈忠平之手。

采访者说：另一种慰藉 船员靠海为生，每名船员背后都背负一个家庭，海上安全事故是他们面临的最大凶险。如果事故难以避免，对于受害者来说，缉查元凶，昭雪真相，厘清责任，获取赔偿或许是平复伤口的最好慰藉。

所幸，海事队伍里拥有沈忠平这样的行家里手。除了兢兢业业做好本职工作外，他不断积累调查取证的点滴经验，建立了事故责任判定的“专家库”，并在安全管理应用、事故调查领域提出各类建议、应用，最后总结出简化小事故调查处理程序并推广到浙江全省应用。

一张脉络清晰、层次分明的事故调查网在浙江沿海撒下了，这同样是他为水上事故受害者送上的真切慰藉。

（顾博）

只要努力
成功和失败的几率
就各占50%
如果害怕失败
不去努力
就等于把50%的成功几率
白白扔掉
宁波

7年零7月

白天忙国内的事，晚上干国外的活。这14个字是部海事局船舶监督处船舶监督主管宁波7年零7月的生活素描。

作为船舶监督主管，宁波负责船旗国和港口国监督检查、船舶签证及进出口岸查验、船舶安保，还包含海盗活动防范。既要对内，又要对外，这些工作在日本运输省是由八个人来共同承担，美国海岸警备队也是由数人分工协作。而如此繁杂的工作，宁波一个人却干得非常精彩。

2004年，海运行业格局和运行模式已发生翻天覆地的变化，传统的海事监管规定已经明显不合时宜。这时，宁波接任船舶监督主管。他协调系统内数十位专家，相继启动了船舶签证和船舶安全检查制度的重新设计工作，在深入基层多次走访并听取航运业界的意见和建议的同时，还充分学习和借鉴国际通行标准，着力把船舶安全监督检查制度打造成完全与国际接轨、具有国际化管理内核的制度。《中华人民共和国船舶签证管理规则》和《中华人民共和国船舶安全检查规则》分别于2007年和2010年以交通运输部令的方式发布并生效。

"新规则不仅平衡、满足了各方利益诉求，更重要的是使现场执法环节中广受诟病的自由裁量权得到进一步的约束和控制，执法人员违法违规现象越来越少，业界投诉特别是针对船舶安全检查工作的投诉率稳步下降。"这是业界对两部新规则的评价。这些评价让宁波会心一笑。

与此同时，宁波也在向船舶管理"信息孤岛"发起进攻。

"以前，每个海事局的船舶检查信息是完全封闭，不仅其他海事局无法查询，外界更无从知道。"宁波说。他提出设计船舶动态管理系统（2.0版）打破"信息孤岛"，使全国水上监督管理信息互联互通。为了使管理系统立足实际，他协调专家组和建设小组采用国际上流行的捆绑办公法，时时追踪修订。

"通过这个系统，海事管理人员可实时监控所辖船舶的动态情况，并随时对船舶动态情况进行网上查询，实现了与登记系统、船载客货系统、防污染管理系统的联通，根治了"信息孤岛"的难题。"部海事局相关负责人说，从2001年船舶动态管理系统（2.0版）测试，到2011年全国覆盖，全国水上监督管理信息互联互通的大格局已定。"在不久的将来，船舶检查信息会全面开放，只要登录网络就可以查询任何一条船舶的历次检查信息。这将推动我国的船舶交易变得透明、公正。"宁波说。

北京的夜晚降临，很多人开始享受一天忙碌工作之后的家庭生活。可宁波一天工作的又一个高潮又到了，因为这时欧美国家进入工作时间。

"我负责的工作涉及6部国际公约。这些公约的执行和修订情况需要时时追踪。"宁波说，他每年接收国外邮件近3000封，其中1/3他会给予回复。

如何提升中国港口国监督检查的威慑力，如何在改善中国国际航行船队受检的总体表现的同时保障中国船东的合法权益？宁波怀揣着这些问题，放眼世界寻求答案。7年多时间，他几十次参与不同等级的国际、区域性专业活动和对话平台。2008年，宁波成功当选亚太地区港口国监督备忘录组织技术工作组副主席，并于2010年实现连任，他的提案、意见和建议被广泛采纳，还承担了亚太地区港口国监督备忘录组织相关能力建设和技术规则的制定工作，圆满完成了亚太地区9个国家检查官在华接受检查技能培训的任务以及多项检查导则和监管制度的前期技术分析工作。

2011年，他又被推举担任亚太地区港口国监督备忘录组织技术工作组主席。可宁波选择了放弃。他担心，那样会占用过多时间，影响国内的工作。在国内和国外之间，他必须坚守平衡。

7年零7个月，近3000个日夜的国内海外空间穿梭，宁波已经习惯了这种工作方式。

记者手记：舍与得

采访宁波，最深的印象是疲惫，眼前的这个小伙子从内到外都能读出累。看着他7年多工作的成绩，也可以想见，他怎能不疲惫。

7年7个月，作为全国船舶管理业务的大管家，他组织完成了船舶签证和船舶安全检查两类重大监管制度的重新设计和修订，赢得了行业的广泛赞誉；他主持开发并推广的船舶管理系统把中国船舶管理带入全新的开放时代；他担任亚太地区港口国监督备忘录组织技术工作组副主席，发挥了重要的影响力。

写宁波的稿子，很是头疼，因为他做了那么多成效卓著的工作，件件都值得大书特书。而我却没有那么大的篇幅去承载。最终帮我做出抉择的是宁波的“舍得”理论。

“舍得，舍得，没有舍，哪有得。”宁波说。从深圳海事局调到部海事局，宁波不仅收入锐减2/3，还成了没户口、没房子、没车子的三无人员。可已经35岁的宁波从不抱怨。他说，舍去的是可有可无的物质，得到的是千载难逢的工作机遇。

“我从来没跟任何基层海事处打过一个电话，要求放过一条船。”宁波说，他不能既是规则的制定者，又是规则的破坏者。这又是舍得，舍去的是实际的好处，得到的是业界的广泛认可和尊重。

“只要舍得付出，就有50%的成功机会，因为成功和失败几率原本各占一半。如果总在付出与收获之间权衡比较，总算计自己的付出值不值得，究竟能收获多少，那就是在坐失青春、坐失人生。”写下宁波的“舍得”理论，希望能带给海事青年人启迪。

（任晶惠）

103
粤B V0131

研究香水的女孩

别的女孩研究香水，要区分的是哪个香型更增添自己的魅力。她们研究香水，要区分的是哪种气味最有可能潜在危险。

研究香水的女孩

别的女孩研究香水，要区分的是哪个香型更增添自己的魅力。她们研究香水，要区分的是哪种气味最有可能潜在危险。

别的女孩收藏指甲油，追求的是使自己一双纤纤玉手更漂亮。她们收藏指甲油，追求的是搞清哪个品种必须申报成危险品。

一样彰显个性的年龄，一样青春靓丽的脸庞，一样温柔细腻的特性，因为她们所从事的职业，视角从此变得不一样。在深圳海事局南山海事处，活跃着一支“不一样”的娘子军，她们专门负责找出香水、指甲油等一切因谎报、瞒报、误报而产生的运输安全威胁，她们有一个共同的名字——女子开箱队。

南山海事处辖区包括赤湾、妈湾两大港区、14个码头，其中万吨级以上泊位25个，每年危险货物集装箱进出口量达十余万TEU。而随着危险货物集装箱量的增多，船载危险货物瞒报谎报行为也就日益严重。“女孩子思维细致缜密，性格也更为细腻温和。”南山海事处党委书记吴木林说，本着充分发挥女孩子优势的初衷，女子开箱队在2008年应运而生。“这三年多的时间，从两个人到八个人，任务越来越重，队伍越来大，压力和委屈也越来越多。”

103

140489

深圳海事局纪检监察处副处长居玉尚至今还清楚的记得2009年的那次“乌龙”事件。那年春节期间，深圳110转给了深圳海事局一起案件。有船东报案，称在南山海域被深圳海事局工作人员借开箱检查之由索要报酬，说如果不配合就把货物定为“运输危险品”。“这在深圳海事局是绝无仅有的事情。全局都非常重视，决定彻查。”居玉尚回忆说，在南山海域开箱检查，大家自然而然的就会想到女子开箱队。当时，南山海事处的女子开箱队一定承受了很大压力。因为调查一定会找相关的人问话和了解情况的。一段时间后，警方破案，是船方代理联合其他人冒充了海事工作人员索要贿赂。“娘子军”被冤枉了。

采访中，当我向女子开箱队的队员求证时，她们说，这都不算什么委屈，因为没有做过，心里很坦然，她们最委屈的是相对人的不理解，甚至被人拍着桌子、指着鼻子骂。“有些人骂得很难听，我们只能耐心地一遍一遍向他们进行法规解释。实在委屈了，也躲在卫生间偷偷地哭过。”

虽然工作中有很多委屈，但也有很多足以令她们感觉欣慰的事情。辖区里有一个生产粘合剂的厂家，所有产品都是走水陆运输的。刚开始的时候他们并不知道胶水有可能是危险品，就申报的普通货物。经过开箱检查化验后确认这个配方生产的粘合剂的确是国家规定的危险品。令人意想不到的，就因为这个事情，厂家修改了配方，并在修改的过程中反复咨询开箱队队员的意见，直到配方符合国家的标准为止。

“其实，不管委屈也好，欣慰也罢，这是每个职业都会有的附加品。我们的想法真的简单，一切都是为了运输安全，只要安全就好。”队员们平静地告诉我。

采访手记：的确是她们

按照中国的语言规范，团队里哪怕只有一个他，也要写成他们。这一次，不会面临这样的尴尬，因为，的确是她们。

平均年龄27岁，无一例外的80后女孩子，在海事监管的第一线，她们不可以穿漂亮的花裙子，却必须忍受烈日的荼毒，她们不可以淡妆浓抹，却必须在密密麻麻的申报单中炼就火眼金睛，有委屈学着咽下，有欣慰就彼此分享，在最最前线的地方，她们写下了如何担当。

（陈桂娟）

遇到不如意时，不要总是先问单位给了我们多少，
多想想我们能为单位做些什么。
在一个单位工作就要融入这个单位的文化，
让坚持成为一种习惯，
让努力成为一种意识。
最后以黄炎培先生一首警句与海事青年共勉，
“理必求真、事必求是，言必守信、行比踏实”。

中国海事
CHINA MSA
012854
张春华

快乐工作的催化剂

从上海海事局驱车120公里，过洋浦大桥、东海大桥，大、小洋山岛便可尽收眼底。此时你的手机若收到“舟山电信欢迎您”的短信可别冤枉电信发错，因为这里的确就是舟山群岛，但这里同时也是上海洋山港，当然了，上海港洋山海事处也在这里。

走进洋山港海事处，吸引人们第一眼的肯定是大厅左侧的文化展厅，巧妙的创意、优美的设计、丰富的色彩瞬间就激发起你的参观冲动——航标灯塔矗立中央、投影沙盘跃然纸上、辖区地图脚底闪光……这个独具特色的文化展厅便是出自洋山港海事处党群工作部主任张春华之手。

出生于70年代末的他，在言谈举止中不时散发出自信沉稳的成熟，但也没有一点领导的架子，给人一种党务干部平易近人的亲切感。

2002年，他从大连海事大学毕业后考入上海海事局，在随船实习半年后，又被上海局党工部借调过去9个月。2003年，洋山港全面开建，张春华正式定岗在洋山港海事处。这一年，东海大桥才刚打了几根桩、洋山港动拆围填也都还没完成，就这样他的青春便与洋山建立起了剪不断的联系。

起初，洋山港海事处只有30多人，这里的职工只有每周三和周五才可以坐班车回家。住宿舍时大家聚在一起后除了打牌还是打牌，为了改变这一局面，处里决定在宿舍时集中进行半强制学习，但随即便有职工反映：白天干活，晚上学习，搞得太累！

洋山港海事处建处时间较短，党建工作基础较为薄弱，随着业务量的高速增长，党建工作迫切需要同步提升。如何选择载体则成了关键问题，既要提升团队的凝聚力，还要让大家开心，于是，娱乐和体育设施完备的职工之家建了起来，上海图书馆党建联建赠送的2000册图书也充满了小图书室，青年讲坛为年轻人互相分享自己兴趣提供了平台，各类文体比赛也让职工的团队意识和竞争意识空前高涨。

在这样闭塞和艰苦的环境下，确实需要这些苦中作乐的做法，不然人就会慢慢懒散下来。采访的时候是在初冬，笔者与张春华相对而坐，发现他穿着秋季制式西服，双排纽扣悉数都系实了，更为厉害的是，拉起全处260多名职工的裤管，绝对不会出现白色袜子。

原来，在党建定制度打基础期间，曾经有一名职工因为穿了白袜子不符合窗口规范被罚了50元，当时同事们都跟他开玩笑“50元能买多少双袜子啊！”，他也痛定思痛、亡羊补牢，当天晚上就买了十几双黑色袜子。

张春华颇为得意地说：“我们把制度规定编成顺口溜挂在墙上，并在严格的检查考核中潜移默化培养了干部职工良好的行为习惯，最终成为了这个集体内每个人的自觉行动。”让制度成为文化是每一个集体努力追求的境界，张春华就是通过这样一些小事来引导大家的行为。

当时钟的指针定格在中午12点的时候，办公楼里会忽然响起《雨蝶》的歌声，原来这是他们温馨的“吃饭铃”，提醒大家尽快下楼乘车不要耽误其他人时间。在张春华的字典里，党务就是服务，党建的外延和内涵也很丰富，上至支部书记公推直选、人才领航培养计划、党员创先争优“登高”计划、入党积极分子“向日葵”计划，下至摄影、篮球、足球、音乐等群众性文体活动，都为洋山港海事发展注入了积极的精气神。

在洋山港海事处，张春华倾力打造的“E党建”给职工带来了不少便利，处里出台政策之前也都在网上征求意见，职工还可以通过互动微博对处内各项事务实名表达意见。船艇人员到上海买菜太麻烦，处里能否统一配菜；值完班想休息时，通勤车收音机音量太大、空调太冷、鸣喇叭太频繁；交接班时总是有人因为各种事情下班晚了，耽误了其他人的时间……所有这些诉求在党建网互动微博上发布后，张春华和党工部工作人员总是及时梳理、及时反馈、及时解决，使得职工工作和生活中遇到的矛盾不激化、问题不放大。

当自己提出的问题被及时关注并解决后，一位职工在微博中写道：“太开心了，要是每天都能做到这样，大家心情就舒畅多了！”对于这种沉下心来的党建，张春华也有自己的切身感受：“尊重个人提出的每个意见和诉求，虽然可能是很小的事情，但职工心里感受是不一样的，照顾好职工的心灵，他们会以意想不到的方式来回报这个集体。”

就像他的同事王军所说：“他有无穷的激情，是洋山港海事处快乐工作的催化剂。”

每一天，都在寻找一个全新的答案，每一刻，都在思考一个全新的尝试，每一秒，都在期待一个全新的自己。站在勇敢的基点上，开始，向上……

IMO 9566497
中国海事 CHINA MSA
海巡 11

CHINA MSA
CHINA MSA
0206597

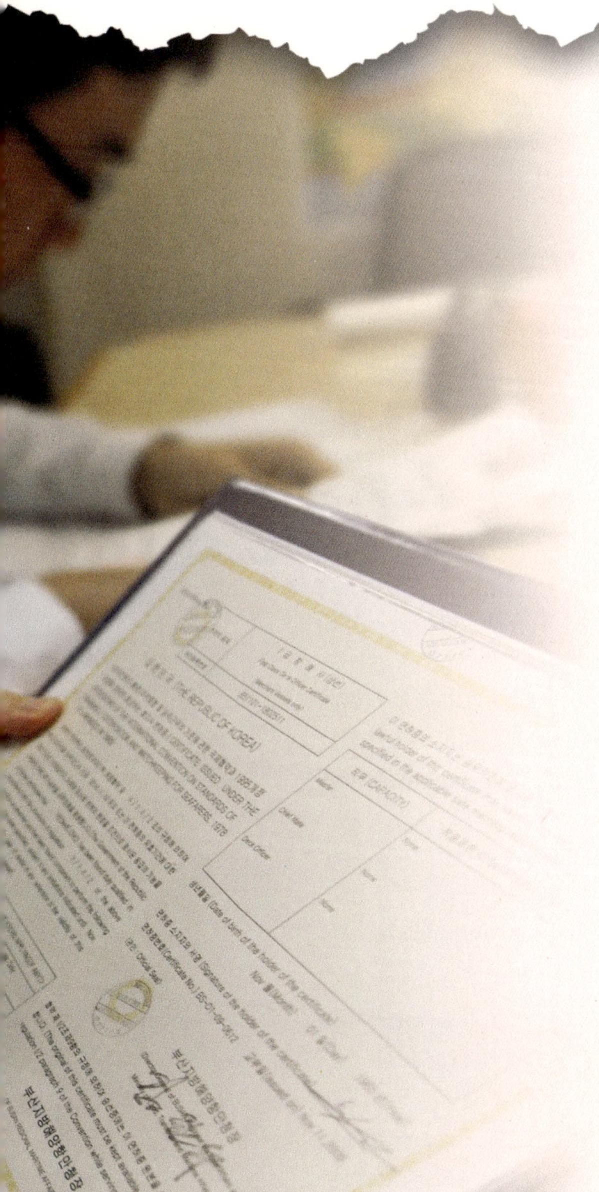

人生处处能“破题”

当工作成为一种信仰
再大的挑战和困难都不会害怕
敢于承担责任
敢于奉献吃苦
敢于创新创造
年轻人只有敢不敢
没有赢或输

——洪汇勇

人生处处能“破题”

□□■

2006年，第一艘液化天然气专用运输船“西北海鹰”成功挂靠中国深圳的港口，这一年，研究生刚毕业的洪汇勇考入深圳海事局。

2008年，深圳大鹏湾迎来了国人自己的LNG船，首艘国产LNG船“大鹏昊”在这里载气试航成功，这一年，洪汇勇成为LNG船舶监管的业务骨干。

2010年，中国首次LNG船舶货物泄漏事故应急演习取得圆满成功。这一次，洪汇勇作为LNG管理的技术带头人，率领团队花费半年多时间进行演习的策划、组织及实施，成就我国相关演习的范例。

将近6年的时间，洪汇勇一直在LNG监管的最前沿——盐田海事处。从盐田海事处驾车，上高速公路、走城镇公路，穿乡间土路，绕盘山小路，连转两个山头儿，才能达到大鹏湾LNG（液化天然气）接收站。6年来，这段路洪汇勇不知道走过多少遍，在这条并不平坦的路上，他为LNG船舶监管成功“破题”。

洪汇勇说，6年里，总有些感受是刻在内心的最深处的，譬如最初的艰难，譬如国内首艘LNG载气适航时的重压。

LNG船舶监管历来被称为海事监管最严格的船。而刚刚到深圳海事局报到的时候，国内对LNG监管这一领域的很多认知仍处于空白状态。怎么办？洪汇勇选择了潜心研究，做开荒者。经过与同事们一起努力，他开创性地提出“LNG船舶海事监管131体系”，即用“动态监管”，监控“LNG船舶、接收站及航行水域”三个对象，进而实现“保障LNG船舶进出港及装卸货作业安全”的中心目标，几年来的实践证明，这一体系完全符合世界一流的监管理念。

2008年，巨大的考验再一次降临，国产LNG船“大鹏昊”将要到深圳进行载气试航。洪汇勇说，当时是既兴奋又紧张的。兴奋是因为国产造船能力的提升，紧张是因为新造船舶的载气试验远比正式营运中的要危险。“LNG船焊缝的长度比绕地球一圈还要长。”洪汇勇说，“大鹏昊”满载情况下能够运输14.7万立方米天然气，相当于400万瓶标准民用液化气瓶的总量，任何一个点上出现意外，后果都是不堪设想的。为此，他提前半年进行专题研究，拿出一整套载气试航安全监管方案。同事们都还记得，洪哥那段“非人”般的生活。那段时间，工作是不分白天和晚上的，甚至有时整整一个星期都不回家，饿了就吃简易的盒饭，困了就在狭窄的沙发上打个盹……国产LNG船载气试航成功了，洪汇勇却瘦了一圈儿。

因为在不断研究和反复的实践中积累了大量的知识和经验，洪汇勇的舞台逐渐变得宽广。他全程参与了交通运输部部令《船舶散装运输液化气体安全监督管理规定》的起草工作，在LNG船载气试航、应急锚地、夜间靠离泊、移动安全区等关键性安全监管方面提出的一系列创新建议被采纳，并在全国LNG接收港口推广。他还参与了这一行业国家标准的整合修订工作，依据工作实践提出了大量极富革新的建议，使修订后的国家标准更加科学和符合实际。通过持续的钻研和探索，他主笔出版了30万字《液化天然气船舶安全监督管理》教材，填补了国内空白。

同事们都说，当越来越多的人在浮躁的社会中变得茫然，洪汇勇选择了沉淀。6年的时间，洪慧勇足以证明，岗位不分大小，总是充满考验，应对考验，提高自己，在哪里都可以“破题”。

（陈桂娟）

尹晓楠

德國科學家尚·保羅曾經説過：
人生就像一本書，
傻瓜們總在走馬觀花中讀完它，
只有聰明人才會認真閱讀它
——因爲他們知道，
這本書他們永遠只能讀一遍。

让数字“开口” 指认溢油船

船舶溢油被认为是最严重、频发率高的海洋污染类型之一,防止油船溢油造成污染,已成为各国关注的焦点。及时抓住溢油船舶是防控这一风险的最有效措施。尹晓楠，山东海事局80后女工程师，清秀、文静，就是她，愣是撬开了数字的“嘴”， 实现快速、准确指认溢油船。

在此之前，尹晓楠所在的中国海事局烟台溢油应急技术中心只有两位高级工程师能够胜任溢油源鉴定的工作，他们凭借丰富的经验和高超的技术，通过肉眼观察、图像比对等方法来鉴别取样油品，确定嫌疑船舶。这种目测比对的方法对经验的要求非常高，精准性也很难保证。

刚刚走出校园的尹晓楠浑身洋溢着对海洋化学系统理论知识的自信，她在系统研究了海事系统溢油鉴别工作的现有成果和国外发达国家在相关工作中的先进做法之后，她提出“让数字说话”，将“积分”的方法引入海事溢油源鉴定过程，从而使溢油源鉴定更快速、更精确、更科学。

起初，尹晓楠的思路并不被领导和同事们接受，她的想法一度被认为“不切实际”、“太学生气”。 尹晓楠一时很难扭过这个弯儿，她感到了前所未有的无助和不解，“为什么大家不相信我，难道我真的错了吗？”回想起那段时间的感受，尹晓楠的眼神黯淡了许多。

“我不能认输，不努力试试，怎么知道我的想法是错的？即使错了，我也要明白自己错在哪儿！”擦干眼泪的尹晓楠重新披上工作服，回到了实验室。

为了证明“积分法”溢油源鉴定技术的可行性和先进性，尹晓楠经常一个人吃住在办公室，查阅。积分是一项很枯燥而且乏味的工作，经过无数次探索和试验，尹晓楠终于总结出用积分法分析油品数据的最优方法，并提出了要建立“油指纹库”的大胆设想，只要把样品数据与“油指纹库”中的数据比对，就可以迅速判断样品的种类，从而排除非肇事船舶，迅速锁定肇事船舶。

或许是被尹晓楠有理有据的分析所说服，又或许是被她的毅力和执着所感动，领导最终将“油指纹库”建设的任务交给了尹晓楠。

油品特性分析是一项很枯燥的工作，它将每个油品的谱图在计算机系统里按比例放大，显示出高高低低的峰状线，一个峰代表一种化合物，计算每个峰的面积，然后得出一组数据，录入“油指纹库”。在进行溢油源鉴定时，只要把样品的图谱数据输入，通过与库存的比对，即可迅速地确定溢油种类，准确锁定嫌疑船舶，大大提高了溢油鉴定的精确性和时效性。

“油指纹库”的建立过程费时、费力，从此，夜阑人静时多了一盏不眠的明灯。尹晓楠给我们算了一笔账：一种油品至少要分析50种不同的化合物，分析一种化合物大概用20到30分钟的时间，为增加数据的准确性，每种化合物通常要计算两遍，因此要完成一种油品的积分就需要用将近50个小时的时间去处理100多组数据。“油指纹库”共涉及150多个油样，谱图5000余张，指纹特征数据4万多个。这就意味着不吃不喝不睡觉7500多个小时才能算完这15000个数据！曾经有连续两个月的时间，尹晓楠和她的同事们每天都在积分，食堂移到了办公室，办公室搬到了家里，吃饭的时候想着如何测算，连做梦的时候都是在处理数据！

就这样，尹晓楠在枯燥和寂寞中一次次地试验，在无数次失败和挫折中寻求突破并获得成功，“油指纹库”的建立使溢油源鉴定速度比现行国家标准提高了近两倍。

（刘芳）

023983

为人，学会坦诚；
做事，坚持勤奋；
遇顺境，处之淡然；
遇逆境，处之泰然。

孙小鹏

“魔灯哥”

“孙所长，您已经在里面呆了一个多小时了，浑身都湿透了，先到外面透透气吧。”

“没事，你先出去吧，我把这个检测完就出去。”

50度高温的灯笼里，孙所长又一次留在了最后，他一边不停的擦拭着脸上流淌的汗珠，一边仔细查看着灯器试验样机，还时不时的在本子上勾勾画画。身体在灯光的照射下清晰的呈现在灯笼上，随着灯光的旋转被拉伸、收缩……

孙所长名叫孙小鹏，在灯器样机试运行期间他几乎每天都坚持在塔上跟踪运行情况。“天天在塔上，身体怎么能吃得消。”和他一起工作的同事有些抱怨。

“在研发项目的每个阶段都非常重要，只有实地跟踪运行，才能准确分析各种数据的运行情况，及时掌握完善灯器性能的第一手资料，遇到问题也能及时调整。”孙小鹏说。

大家看他每天像守着自己孩子似的守着这些灯器，简直有些着魔，便给他起了一个时尚的名字：“魔灯哥”。

“魔灯哥”刚参加工作时，正赶上大部分航标灯器开始老化、损坏，需要更换零部件。但从国外进口配件不但花费大量外汇，而且周期长，供货不及时，特别是国外公司实施技术封锁，很多部件根本不卖。没有配件及时更换，航标便无法正常发光，也就失去了助航的效果。这让孙小鹏心里很不是滋味。

“中国这么大一个国家不能没有自己的航标灯器。”他愤愤地说。

可能，在他人看来这只是孙小鹏当时无意中说的一句话，而在他个人心里这句话却在不断的生根、发芽、开花……他开始了航标灯器的漫漫研发之路。

最初，孙小鹏和同事们根据维修需要从进口灯器电路板的国产化入手。“虽然只是小小的电路板，但确实遇到很多困难。”孙小鹏说，他学的是航政管理，对航标灯器有很多地方不懂，他就跟着几个经验丰富的老师傅边学边研究。“国外技术封闭很厉害，他们把电路板的原件、线路、原理等全部都用油胶黏住。”孙小鹏有些气愤，但马上又得意地笑了起来。

孙小鹏想出了主意，就是用灯器检测一个一个进行测试，再根据灯器实际运行控制信号进行分析，在检测中根据功能需求一点一点的找出可以替代的器件的，有时一个器件可能就要试验几十次、上百次。

“找制作厂商也是很难的，很多时候我们都是求着人家做。”说到“求”的时候，孙小鹏显然有些不好意思。他至今仍清楚的记得2008年年初的那一天，风刮得很大，他很早就出门了，IMA－800型航标旋转灯器终于研发成功了，他要尽快找到厂商帮他做三台样机。

“对不起，这个活我们接不了。”

“麻烦您再看看，这个灯器对我们真的很重要。”

“我们都是批量生产的，您一共就做三台，我们既费时又没利润，真的做不了，您还是到别处看看吧。”

“其实耽误不了多长时间的……”话还没说完，人家就把他“请”了出去。

一家，两家，三家……孙小鹏一连跑了五家，结果都是一样的。“没有厂家做样机怎么办，”孙小鹏焦急地踱着步子，“不行，一定要把样机做出来，工厂不做那就找个人做。”

由于IMA－800型航标旋转灯器对外壳、配件的精度要求相当高，孙小鹏最后选了一家大工厂，守在门外等了几个小时直到下班，他拦住几个厂里的工人，死求着人家帮帮忙，开始人家不答应，几经周折后，才勉强答应利用下班的时间给他干点私活。“为了这些灯器，很多时候都顾不上脸面了”，孙小鹏笑着说。

十几年如一日，从进口灯器电路板的国产化到数字化、再到智能控制系统、灯器研发，“魔灯哥”一直在坚持，他心里永远留着这样一句话：一定要让中国拥有自己的航标灯器。他和他的同事们就是凭着这种执着的信念先后完成了“PRB-21(20)型灯器国产化控制电路板”、“步进式旋转灯器数字化控制电路”、“航标智能控制器”，ISA、IMA系列航标旋转灯器，HD系列智能LED航标灯等11项科技成果，并且多项成果填补了国内空白，达到世界领先水平。用部海事局副书记徐津津的话说：“低起点介入，高起点站位”，孙小鹏带领同事们从一块电路板起步，直到用信息化手段实现航标管理现代化，闯出了一条从小到大，自主研发、不断创新发展的路子。

“中国航标灯器终于在国际舞台上有了一席之地。”“魔灯哥”终于可以这样大声自豪的说。

（冯立侠）

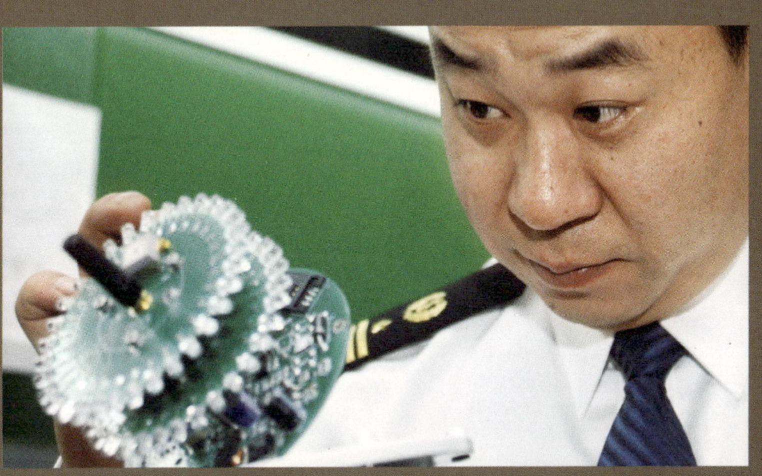

青年是朝气蓬勃的，更是确立人生志向、规划人生未来的关键时期。要成为有志青年，就要不怕磨难、不怕吃苦、不怕吃亏。只有不断克服自己的惰性和弱点，不断地战胜并超越自我，才能让自己的理想信念进一步坚定，目标方向进一步明确，从而做到意志坚强、热情高涨、精力充沛。

——金　波

HIGH VOLTAGE

专家曾经也很“逊”

在外轮的船员面前，如果你自我介绍是PSCO（Port State Control Officer），他们会立刻对你表现出超乎平常的尊敬，这不单是因为他们手握“监督”利剑，更为重要的是，PSCO都是“火眼金睛”的技术专家。

张家港海事局监管处处长金波就是这样一位PSCO。他曾经荣获全国直属海事系统PSC港口国监督检查比赛第二名、负责实施PSC港口国监督检查的400多艘国际航行船舶无一在国外被滞留。

这位专家曾经也很“逊”……

起初，他被分至锦丰监督站，值完班的第二天休息时，总是无所事事，当时的锦丰监督站站长陆义是看在眼里、忧在心里，找了一个合适的机会他对金波说：“你年纪轻轻的，应该多学点东西。”就这样在陆义的关心下，他开始了值班时候在锦丰、休息时候到监督科跟班学习的生活。

他第一次跟着师傅登上外轮的时候，紧张得心怦怦跳，还害怕得说不出话来，但“只看不说”的日子很快就结束了，两位师傅分别到驾驶台和机舱去检查后，让他负责检查船舶的证书和文书。国籍证书、最低安全配员证书、国际防止油污证书、货船设备安全证书……“嗯？货船设备安全证书？过期了？好家伙，就是它了！”他心中窃喜，终于查到缺陷了！

他瞄了一眼船长，这位希腊籍船长一脸大胡子，50多岁的样子，他清了清嗓子，努力平抑激动的心情后说：“Captain，your cargo ship safety equipment certificate is out of date……”

船长赶紧解释：“Sir，@＃￥%&*＃%……”

“－_－!没听懂……”

再解释：“@＃￥%&*……”

“@_@？啥意思……”

金波蒙了，一时不知道该怎么办，憋红了脸还故作镇定地说：“No，no，no，out of date，three month……”

交流无法进行，他急得浑身冒汗，只好装作继续看证书不吱声，直到师傅回来这尴尬的沉默才得以打破。原来，该轮因为船期较紧没来得做年度检验，但已取得了船级社的认可并安排在下一港进坞时检验。听完师傅们的解释，金波恍然大悟，更是自卑得想遁地消失。师傅们则赶紧给他打气：“没事，不要怕，自信一点，发现问题跟船员可以交流讨论，听听他们的解释，不用急于下结论。”

武 汉
WU HAN

这件事也让他下定决心要恶补英语和公约。就这样，不知不觉小本子就记满了密密麻麻的英文和备注。

翻着SOLAS公约的综合文本，他自己也开始觉得业务水平可以了，但在一次检查中他把综合文本中关于“主机高压油管保护装置”的最新要求误用在一艘还没到期限的老船上，也闹了个不大不小的笑话。还有一次，在一艘专门跑中日韩航线的小型外轮上，他提出舵机间应配备首向指示器，当时的印尼籍船员也解释舵机间已有磁罗经，后来还是在同事的提醒下，他才想起来这艘船还不适用配备条款。

就这样，他慢慢积累了比别人更多的业务知识。2009年3月，他对韩国籍失控船“爱斯”轮实施PSC检查时，共发现了15项严重缺陷，由于存在的严重缺陷与船级社有关，当韩国KR船级社验船师对部分缺陷提出了质疑时，这一次金波没有再“浑身冒汗”，而是理直气壮地向对方提供了确凿的公约依据，最终使得韩国KR船级社工作人员心服口服。事后，KR船级社还专门发来感谢信肯定了金波负责的态度和过硬的水平。还有一次，金波在对一艘外轮机舱进行检查时，发现该轮辅机冷却水海水泵是盘根型的，他便对轮机长说：“船舶经常在长江里航行，因为泥沙的关系，这个泵多少都会有些渗漏。”轮机长听完颇有“英雄所见略同”之感，还顺便跟金波拉起了家常：“你之前是不是在船上干过老轨呀？一般人不会知道这么清楚的。”

“哥不在江湖，但江湖有哥的传说！”如今，在安检专家金波身上，“逊”字早已离他远去，但他的“逊”事传说将会在“江湖”中传开。

采访者说：下一秒，做全新的自己

“少年自有少年狂，藐昆仑，笑吕梁，磨剑数年今将试锋芒。”在学生时代，无数青年曾这样憧憬未来，但参加工作后，很多人在描述自己的困境时总会引用一句网络流行语：“我就像一只趴在玻璃上的苍蝇，前途一片光明，但却找不到出路在哪里。”

这个一个关乎信仰、关乎使命、关乎行动的根本性问题。金波在上大学时，海事部门查获了一艘遭海盗劫持的失踪船，这成为他心中海事信仰的萌芽；水上交通事故中，遇难者家属撕心裂肺的悲伤让他认清了作为安检官的使命；而笔记本、文曲星、照相机……则是他在行动过程中迈出的坚实步伐。

青春是一本打开了就合不上的书，他的成长和进步，都是在一条条笔记、一个个单词、一张张照片和一份份忐忑中收获的。卧薪尝胆，哪堪荒废时日；只争朝夕，甭想终南捷径。一口吃不出胖子，只有靠一步一个脚印的坚持才能在荆棘中踏出一条属于自己的路。

如今，海事青年无论自身是否愿意，都已走上历史的舞台，滨海一隅的这方水土并非不养人，是良木落地就能生根。来则安，安则乐，乐则奋斗，奋斗则不息！下一秒，要做全新的自己！

（李欢乐）

World
眼看世界
张炜

27709

开眼看世界

眼前的这个男人英俊、帅气，背总是挺得直直的，谈话时温文尔雅，显示了他的良好修养，对关键句词毫不放松，又凸显了他的严谨认真。他能说着一口流利的英语，也能将船舶监督管理工作谈得头头是道。他是海事精英里的“洋派”，他主张“开眼看世界”来促进我国航运业的发展，他就是张炜。

以当今时髦的话来讲，张炜是个“潮人”。他对国外的先进理念和做法有着超乎寻常的兴趣和想法，想着想着，想出行动了，他给上海海事局与美国海岸警卫队太平洋区当起了“红娘”。2005年，张炜作为主要策划人之一，开启了太平洋两岸的“蜜月之旅”。张炜和同事们一起筹划和组织了一系列中美港口国监督交流研讨活动，通过这些活动建立了上海海事局与美国海岸警卫队太平洋区的双边工作互访交流机制。双方每一两年就有一次互相“串门”的机会，联络感情、相互学习，既方便了操作层面上的技术交流，又促进了双方高层的沟通合作。在上级的支持下，他们还谋划建立中国海事局和美国海岸警卫队间以加强能力建设为基础的工作伙伴关系，期待高层之间能够“亲上加亲”。

不过张炜这个“红娘”可不是好当的，为了“穿线”更顺畅，他得跟美国海岸警卫队驻华联络官、总部外国籍船舶管理处还有太平洋区预防处三方联系。“沟通中花费的精力要多一些，要将理念想法表达清楚，又不能跟对方的战略思想冲突，还要确保我们的利益。”张炜并没有过多地描述面临的困难，他更重视的是“联姻”后的成果，“双方交流搭建新的平台，创新开拓了中美海事主管部门对话合作的方式。”，张炜自信地说。

交上了“外国亲戚”，开拓了思路，张炜在对外交流的过程中逐步增进了对国际航运环境的了解。在向国外先进经验学习的同时，他开始琢磨着能不能搞点“新尝试”。

中资国际航运船舶特案登记免税政策就是在对比中外国际航行船舶注册登记的外部环境后应运而生的“新产物”。张炜和同事们在上级领导的大力支持下，深层次研究特案登记制度的可行性，既包括分析制约政策实行的因素，又包括我们应该改进的措施，为高层最终的决策提供了基础性建议。张炜是看着这项制度“长大”的，谈到这儿，他不免流露出了青年人特有的壮志豪情，骄傲之情溢于言表，“特案免税登记制度对正在开展国际航运中心建设的上海市来说，作用关键；对我国广大船东来说，意义重大。”，这项制度算得上是张炜的得意之作了。

眼光放远，瞄准国际，张炜尝到了甜头，头脑灵活的他开始再接再厉了。“船舶保税登记制度”建设方案研究是张炜又一个“主攻项目”，这个项目可是上海市级课题。上海航运中心建设正如火如荼，张炜利用多年来对国际航运环境的了解，致力于研究在吸引船东的同时如何更好地吸引金融注入，从而才能推动上海国际航运中心建设任务向深层次拓展。张炜参与了这项制度成长的全过程，从他的话语里，我们能感受到这是一个想干大事、能干大事的青年人，“这项制度的产生，对提升海事服务地方经济发展的作用，提升海事服务我国航运业发展的作用有着很大的影响！”

“开眼看世界”给张炜带来了“知己知彼”的好处，他像鱼儿得水般享受着对外交流的乐趣。他积极跟踪国际海事组织海上安全委员会各项议题，为国际海事组织海上安全委员会中国代表团的参会任务做了大量的基础工作；参与提出的上海国际航运船舶融资租赁登记研究也得到了积极响应，为中资船舶特案免税政策的升级完善以及上海市国际航运中心建设发展模式的研究提供了有价值的决策依据。

话补开篇，眼前的这个“国际化”男人还有着一双炯炯有神的大眼睛。不过，“大眼睛”才不是他“开眼看世界”的主要原因呢！试想一下，思路清晰、视野开阔、敢于创新才是他制胜的“不二法门”吧！

采访者说：优秀是怎样炼成的

采访张炜那日，恰逢刚与上海海事局辩论队讨论决赛题目，究竟是“优秀的组织造就优秀的职工”还是“优秀的职工造就优秀的组织”。我想这两者本就是相辅相成的，见到张炜，更加坚定了我的想法。

应该说张炜是个幸运儿，处在上海这样的国际化、前沿化大都市，又赶上了中国海事飞速发展的十年，为他的个人发展创造了难得的机遇和条件。发展中的海事逐步拥有了先进的发展理念、工作模式、组织文化和人才培养机制，张炜逐步增长了见识，逐步迈向了成熟。

张炜也是个带头人，中国海事发展到今天，越来越需要张炜这样能与国际接轨的人才出现。我们不仅需要业务精通、技术拔尖的人才，我们更需要有战略眼光、有发展思维、能将中国海事“推出去”的优秀青年。只有这样，中国海事的明天才会越来越好。

（杨姣姣）

MY Love
我的爱情
不是梦

“非诚勿扰”

卢鑫

我的爱情不是梦 □□■

“就算所有人都灭灯，我的灯也会始终为你亮着。”一脸真诚，一片真意，操着浓浓的东北音，给眼前这个漂亮的小姑娘瞬间便留下了深刻的印象。

他，叫卢鑫，她，叫欢欢。他，是远离城市的“海岛海事”曹妃甸海事处的一名基层执法人员，一周能够走出海岛一次，遇到值班或突发事件，可能两、三周也见不到外界的喧嚣。她，一个机灵漂亮的小姑娘，虽然不乏男孩追求，但却一直在等待自己的真爱。他们，虽然同在河北海事局，但之前却从未见过彼此。

但这一刻，他们相遇了，借助这个平台他们相遇了。她说她喜欢唱歌，他说他也喜欢唱歌，她说她喜欢对唱，他说他愿意陪她对唱。他毫不犹豫的把灯为她亮到最后，她毫不犹豫的拉起他的手，他们牵手成功了……

这是令人兴奋的一幕，这也是他们走上恋爱之旅的开始……每当想起那一刻，卢鑫总是兴奋不已，他说：“我一辈子都忘不了我们牵手的那一瞬间，从那时起，我知道，我的爱情不再是梦，感谢Hebei MSA，感谢非诚勿扰！”

河北海事局大部分基层单位地处边缘，大家在经济欠发达的地区过着集体生活，尤其是曹妃甸海事处，他们处于科学发展最前沿，远离城市最边端，从办公地点到距离最近的城镇达60余公里，且交通不便，大家出岛一次都成麻烦事，就更不用提交男女朋友了。

“这里女孩太少了，仅有的港口单位的那几个早被人家本单位盯得死死的，当成国宝供起来了。”“也有人给介绍过对象，但由于一两周才能出去一次，见面的机会太少了，吹了。”……谈起自己的恋爱问题，大家无耐的诉说着。

然而，曹妃甸海事处年轻人比例达70%，近两年新入局的同志大多都是单身，“光棍节”成为了这里最热闹的节日。李青平局长来曹妃甸海事处调研时曾说：“一定要把青年人的生活问题作为第一民生来抓。”海事处的领导班子也开展了一系列工作，如：开展领导职工“一对一”帮扶，与地方政府、港口企业开展联谊活动，等等。

于是，现场版的“非诚勿扰”上演了，而且是河北海事局亲自导演。

于是，他们相遇了。

于是，他们相恋了。

（冯立侠）

新加坡的日子
6月14日 6月15日 6月16日 6月17日 6月18日 6月19日
6月20日 6月21日 6月22日 6月23日 6月24日 6月25日
ONE FULLERTON

Maybank
HSBC

友好交流 合作发展

按照部海事局的统一安排，6月15日－28日，直属海事系统青年标兵团组一行11人随“海巡31”船出访新加坡，并与新加坡海事青年进行了广泛交流。这是部海事局促进中新两国海事机构友好交流与合作发展，培养锻炼海事青年的一项重要举措。在部海事局和出访团领导的高度重视和亲切关怀下，青年标兵团组顺利完成了出访任务。

本次出访专门安排了与新加坡海事及港务管理局进行港口国监督、船舶交通管理（VTIS）、海上搜救、船员模拟器培训、防海盗等多个领域的业务交流。青年标兵团组参与了出访团组织的交流准备研讨，并全部参加了各项交流活动，对新加坡海事管理的方方面面都有了深入的了解。

开阔国际视野，感受先进理念

在新加坡出访的6天时间里，青年标兵团组听取了新加坡海事及港务管理局对其发展沿革、主要职责、组织架构、目标愿景和价值体系、人力资源管理、组织文化和团队建设等方面的情况介绍，参观了新加坡综合模拟操作中心、新加坡MPA下属的港口操作控制中心，参加了出访团与亚洲反海盗及武装劫持船舶信息共享中心和万邦航运有限公司的交流，并对新加坡经济社会发展、城市建设管理等情况有了比较直观的认识。同时，新加坡MPA在处理海事机构与企业和社会公众的关系、海事工作与港口航运发展的关系、组织整体与员工个体发展需求的关系以及在各项工作中体现出的科学发展理念，以及每位新加坡MPA员工所表现出来的优良综合素质，都给大家留下了深刻印象，引发了大家的深入思考。

丰富业务知识，增进工作交流

在“海巡31”航行期间，出访团举办了敏感水域防海盗知识讲座，召开了港口国监督检查、船舶交通管理、海图测绘、溢油应急技术、船员管理和防海盗等业务交流学习研讨会，组织青年标兵广泛交流了各自的先进工作经验和做法，使此次出访之旅成为一次名符其实的学习、交流、提高之旅。在日常工作和生活中，大家也经常在一起交流和探讨对海事工作的一些认识和看法。在宽松氛围下的多种形式的交流，使大家对海事工作有了更加全面的了解，进一步拓展了知识面，增强了大局观和协作意识。

航行期间，出访团组织青年标兵团参加了消防和救生演习，与“海巡31”的船员同志们也进行了深入交流，向他们了解船员的工作和生活情况，增进了大家对船员的理解。通过随船出访，青年标兵团组对航海生活也有了亲身体验。

接受爱国教育，增强责任意识

出访团在“海巡31”航行至南沙水域时组织随船人员举行了庄严的升旗仪式，组织观看了中国海事局的宣传片和“海巡31”的介绍片，在执行出访任务期间、在流动的国土上，特别是在本次出访受到国内外广泛关注的情况下，参加这样的仪式，观看这样的内容，使大家对祖国有了更深的感情，接受了一次最好的爱国主义教育的洗礼。出访期间，在与中国留学生、在新加坡工作的华人以及新加坡各界人士的交流中，大家也充分感受到了祖国的强大和中国海事的发展。

报到

今天是报到的日子。下午四点半，我被接到了“海巡31”船上。执法支队的接待工作做得非常好，听说专门制定了《“海巡31”出访新加坡实施方案》，看看这些细致的准备，心里踏实了很多。——洪汇勇

起航

自从知道要出访，就期待了很久。今天，梦想成真了。11点钟，“海巡31”出访新加坡启航仪式正式开始。码头上，看着媒体记者的长枪短炮对着出访人员一顿狂拍，我不禁在想，怎么样利用好此次出访机会，最大限度从新加坡MPA、其他青年标兵、海事局其他同行那里学到更多知识呢？——洪汇勇

6月16日

时空对话

今天上午，“海巡31”已航行至西沙群岛以西海域。按照既定的时间，全体人员提前集中在驾驶台后的会议室等待与交通运输部副部长徐祖远的“时空对话”。11时许，徐部长在广东海事局值班室与“海巡31”船进行了视频连线。徐部长在视频中勉励大家说，中新两国海事部门长期保持友好的合作关系，希望访问团与新加坡同行就共同关心的话题深入交流，认真学习新加坡在海事管理方面的先进经验，深化友好合作，共同维护海区安全、环境清洁。希望“海巡31”船访问新加坡成为友好交流、合作发展之旅。——饶滚金

访新加坡任

6月17日 值守

今晚我值班。到了值班点，上一班的同志们还意犹未尽，大有“不见海盗誓不言退”的英雄气概。很快，我们就掌握了防海盗的巡查重点，并了解了灭火器、太平斧、水龙枪、钢管和锣的位置和使用方法。想了想，人民的智慧真是力量强大啊，没有枪没有炮，照样还能防海盗。我们“海巡31”等海事巡逻船要是能配装武器，那该好多。——吴建潘

6月18日 研讨

明天下午我们将抵达新加坡，今天将是各种准备工作最后的完善时间。研讨会无疑成为了今天活动的主题。在新加坡，大家最想交流什么，最感兴趣的话题是那些，最想了解什么？在今天的研讨会上一一得以解决。这就叫做最好的准备，过最好的“旅程”。

6月19日 抵达

13时45分，我和我的同行者都会永远的记住的一个时刻。经过几天的航行，我们终于抵达新加坡邮轮码头港外。大家按预演的队列站坡，整整齐齐的开进。这时，岸上早获消息的游客中，许多人在欢呼雀跃，不时的向我们招手。看来，“海巡31”的到来，引起了新加坡的轰动。——林晨

6月20日

交流

这是抵达新加坡后第一个完整的一天。在倾听，理解，对话，交流中，新加坡海事及港务管理局的发展沿革、主要职责、组织架构、发展目标和愿景、人力资源管理、组织文化和团队建设等多方面的情况吸引了我们的目光和耳朵。用看的，用听的，用最真诚的心去感受与触摸。——奚家月

6月21日 开放日

根据此次出访的总体安排，今天上午我们要参观位于港口控制中心的新加坡交管中心和海上搜救中心，下午有“船舶开放日”和万邦船务参观等活动。

让我印象深刻的是14时，到甲板上举办的“船舶开放日”活动。此次开放日活动一共来了40多位嘉宾，大概有10人左右是看到报纸或网站的信息后自发前来的。看来，对于中国海事船舶出访新加坡一事非常关注的人真是不少。

海事工作与航运发展关系密切，为航运创造公平的竞争环境是海事工作的重要目标。中国海事若要赢得更多的国际关注，我们应担负起青年一代义不容辞的责任。

——李洁莹

6月22日 分享经验

今晚21时，出访团团长、广东海事局局长梁建伟和我们青年人交流的一席话让我受益匪浅。

梁局在对新加坡海事机构同中国海事机构的异同进行分析后认为，海事是综合交通运输体系中的支持保障系统，在政府职能转变的过程中，中国海事要树立公共行政的新理念，要在安全管理工作中大力传承和弘扬中国优秀的传统文化，做到“公、诚、仁、中、行”。

“不怕苦、不怕难、不怕吃亏是人生成功的三个基石。青年人只有做到这三点，才有可能真正成功。”梁局讲得很诚恳，那是经历之后的宝贵财富。

6月23日 自由行

今天，团友们在有关方面的安排下，到欲朗飞禽公园、鱼尾狮公园、乌节路、小印度和牛车水等地体验新加坡的风土人情，开心。——尹晓楠

6月24日

竞技

为了增进和加深中国海事与新加坡海事与港务管理局之间的友谊与合作，双方特别安排了一场篮球与足球友谊赛作为此次出访新加坡的最后一项公务活动。在竞技场上，友谊更深了，回程的脚步也近了。——陈贵花

6月25日

分享

返程了，9点半，我们召开了回程第一次青年标兵座谈会。大家围着长桌坐了一圈，每个人都有很多的话要讲，原本1个小时的安排一直持续了2个多小时。大家将自己几天来的感受拿出来和大家分享，不时引起其他同志的共鸣和阵阵掌声。——刘磊

6月27日

切磋

船舶油污染事故溢油源鉴定、海图的作用及发展趋势、船员如何管理……守着各位“专家”，大家展开了热烈的讨论和切磋，回家的航程变得越发充实。——李洁莹

新加坡的日子

发现感动 靠近美好

POSTSCRIPT

有人说，上帝创造了眼睛，不是用来哭泣的，而是用来发现的。发现身边的感动，记录身边的美好，并在感动和美好中汲取温暖和力量，这正是《优秀的力量》这本书想给予、想向您表达的。

从最初的酝酿，到采访、编辑、后期加工和完善，一步步走下来，从冬季到夏季，这本书呈现在读者面前时已经是半年后的今天了。这半年多的时间里，因为全程参与了这本书的出炉过程，让我们有机会更直接、更真实地接近中国海事系统里的这批优秀年轻人。

如果您认真地读完了这本书，您会发现，他们大多来自最一线的基层岗位，从事着最普通的海事日常工作。他们与行政相对人直接打交道，每天在“迎来送往”中践行着自己的诺言。他们坚守着自己的选择，在默默无闻中写就如何担当。他们勇于负责，在最需要的时候挺身而出。

如果您认真地读完了这本书，您会发现，他们身上最闪光的地方总会让我们感觉眼前一亮，他们身上最质朴的坚持总会让我们为之动容，他们身上最果断的勇敢总会让我们由衷地钦佩，他们融合在中国海事这个大家庭里，为这个职业付出着智慧、奉献着青春，并被这个职业日积月累地感染着、改变着。

也许，如果没有凝练为文字，没有镜头的放大，我们很可能会忽略，身边有怎样的感动和美好正在发生着。事实上，他们就在我们身边，只要我们给予多一秒的关注，多一分的体会，便会发现，便会记住，感动与美好都在实实在在地上演。这种上演，成为最真实的美好，最近的力量，冲击着我们的情感，涤荡着我们的心灵，鼓舞着我们前行。

当然，书籍的篇幅非常有限，我们的发现之旅也相对短暂。我们一定遗漏了一些什么，疏忽了一些什么。但我们坚信：发现的过程会依然延续，美好的演绎每天都将发生。

让我们一起打开心灵之窗，共同感受阳光吧！

那些绽放的青春

THE BLOOM OF YOUTH